DEUTSCHE AKADEMIE DER WISSENSCHAFTEN ZU BERLIN

Veröffentlichungen des Instituts
für Geodynamik Jena

Reihe A: Wissenschaftliche Veröffentlichungen
Herausgegeben von Heinz Stiller
Heft 14

Vorträge der KAPG-Tagung

„Durchführung und Interpretation seismischer Beobachtungen", Jena 1968

Mit 46 Abbildungen und 7 Tabellen

AKADEMIE-VERLAG · BERLIN
1969

Erschienen im Akademie-Verlag GmbH, 108 Berlin, Leipziger Straße 3–4

Lizenznummer: 202 · 100/489/69
Kartengenehmigung Nr.: 1059/68 und 100/69
Gesamtherstellung: VEB Druckerei „Thomas Müntzer“, 582 Bad Langensalza
Bestellnummer: 2004/A/14 · ES 18 E 2

INHALT

VORWORT

Das vorliegende Heft enthält als Sammelband Vorträge, die auf der Jenaer Tagung der Unterkommission 4 „Erdbebenforschung und seismische Rayonierung" der Kommission der Akademien der Wissenschaften sozialistischer Länder für die multilaterale Bearbeitung des komplexen Problems „Planetare geophysikalische Forschungen" (KAPG) vom 6.—13. Juni 1968 gehalten wurden. Von anderweitig veröffentlichten Arbeiten werden nur die Zusammenfassungen gedruckt. Da die Vorträge von speziellen Fachgruppen ein relativ fest umrissenes Gebiet behandeln, wird durch dieses Heft dem interessierten Fachkollegen eine bequeme Übersicht über die einschlägigen Arbeiten ermöglicht. Die Thematik der Tagung wird im wesentlichen in drei Richtungen abgehandelt. Einmal steht die Standardisierung und Verbesserung des seismischen Beobachtungsdienstes zur Diskussion, zum anderen wird die Frage der Energieabnahme seismischer Wellen mit der Entfernung und die damit zusammenhängende Bemessung der Erdbeben behandelt und außerdem werden die seismischen Instrumente hinsichtlich der Standardisierung ihrer Frequenzcharakteristiken und ihre spezielle Verwendungsmöglichkeit untersucht.

Die Veröffentlichung dieses Sammelbandes besorgte Herr Prof. Dr. W. Sponheuer als Nationaler Koordinator der Unterkommission 4 der KAPG. Er wurde hierbei von Frl. Dipl.-Geophys. D. Güth unterstützt. Die Beiträge in russischer Sprache wurden von Herrn Dr. G. Trillhaase und Frau Dipl.-Ing. Tatjana Greiner durchgesehen und korrigiert.

H. Stiller

Состояние и некоторые вопросы развития производства и обобщения наблюдений опорных станций стран-участниц ,,КАПГ"

З. И. Аранович[1]), Н. В. Кондорская[1])

Abstract

Questions on combined processing of observations of the network of basic stations of member-countries of "KAPG" have been considered and some ideas on their practice improvement are given. Questions on determination accuracy of principal epicentral parameters are analysed.

Dependence of determination accuracy of epicentral coordinates on number of seismic stations and their distribution relatively to an epicenter and also on accuracy of initial data of first arrival times has been considered. Calculation residuals of time errors in determination of epicentral coordinates by observations of the network of basic stations for main epicentral zones are given.

Epicentral coordinates in central part of Asia, the Pamir-Baikal zone and a part of central Europe are being defined with the greatest accuracy (90 per cent of observations gives an error less than $\pm$ 0.°1).

Estimations of a threshold response of the network of basic stations have been carried out by magnitude for main seismoactive regions of the Earth. For a number of regions the threshold magnitude proves to be 6. To decrease the threshold response level the use of instruments of A type is recommended, therefore an estimation of connection between maximal magnification of A type instruments with the standard response and a threshold value of magnitude is given. Possibilities of particular stations are analysed in this plan. In conclusion, a number of arrangements on improvement of the basic network of member-countries of "KAPG" are suggested.

Резюме

Рассматриваются вопросы сводной обработки данных наблюдений сети опорных станций стран-участниц ,,КАПГ" и приводятся некоторые соображения по усовершенствованию на них производства сейсмических наблюдений. Анализируются вопросы точности определения основных параметров очагов.

Рассматривается зависимость точности определения координат эпицентра от количества сейсмических станций и их распределения по отношению к эпицентру, а также от точности исходных данных о временах первых вступлений. Приводятся результаты расчета

[1]) Институт физики Земли АН СССР, Москва.

времен ошибок в определении координат эпицентров по данным наблюдений сети опорных станций для основных очаговых зон.

С наибольшей точностью определяются координаты эпицентров в районах Центральной Азии, Памиро-Байкальской зоны и части Центральной Европы (90% наблюдений дают ошибку меньше $\pm 0\overset{\circ}{.}1$).

Проведены оценки пороговой чувствительности сети опорных станций по магнитуде для основных сейсмоактивных районов земного шара.

Для ряда районов пороговая магнитуда оказывается равной 6. Для снижения уровня пороговой чувствительности рекомендуется применение приборов типа ,,А'', в связи с чем дается оценка связи между максимальным увеличением аппаратуры приборов типа ''А'' со стандартными характеристиками и пороговым значением магнитуды. В этом плане анализируются возможности отдельных станций. В заключение предлагается ряд мероприятий по улучшению опорной сети стран-участниц ,,КАПГ''.

Введение

Опорная сеть сейсмических станций стран, входящих в содружество по проблеме ,,Планетарные геофизические исследования'', была организована на основании рекомендаций совещания по проблеме ,,Стандартизация в сейсмологии'' (Иена, 1965 г.) [4] и резолюции совещания в Лейпциге 1966 г. Задачей этой сети является получение унифицированных материалов сейсмических наблюдений для решения задач изучения сейсмичности и внутреннего строения Земли.

В настоящее время на территории стран региона действует 30 опорных сейсмических станций (см. таблицу № 1).

§ 1. Вопросы сводной обработки данных наблюдений сети опорных станций стран-участниц "КАПГ"

На основании наблюдений станций определяются основные параметры очагов главным образом достаточно сильных землетрясений, расположенных в различных частях земного шара.

Главными вопросами при сводной обработке данных являются:

1. Точность определения основных параметров очагов землетрясений.
2. Пороговая чувствительность сети станций, участвующих в обобщении.

От решения этих вопросов зависит представление о мировой сейсмичности, которая может быть получена на основе материалов обобщения в Центре.

1. Оценка точности определения основных параметров очагов землетрясений

В настоящее время центром обобщения данных для определения координат очагов землетрясений применяются программы для ЭВМ [7], при этом используются данные времен первых вступлений и последующих фаз. Производится поиск решения, для которого оказывается наилучшее соответствие наблюдаемых времен пробега волны *P* и *PKP*, рассчитанных на основании годографа Джеффриса-Буллена (т. е. осуществляется так называемая минимизация невязки). Однако анализ результатов расчетов координат очагов на ЭВМ показывает, что наилучшее согласие данных, выражающееся в минимальной величине среднеквадратической невязки, не означает максимальной точности в определении координат [8].

Эта точность определяется следующими факторами:

а. Количество и распределение станций, передающих в Центр свою информацию.

б. Точность исходных данных.

а. Количество станций и их распределение

Опорные сейсмические станции стран-участниц "КАПГ" в настоящее время распределены по отношению к очаговым зонам неравномерно.

Наиболее благоприятной оказывается зона Центральной Азии, Памиро-Байкальская зона и часть Центральной Европы, по отношению к очагам которых сейсмические станции расположены в широком азимутальном створе.

б. Точность исходных данных

Точность данных о временах первых вступлений зависит прежде всего от качества регистрации на станциях (и определяется спектром помех и частотными характеристиками используемой аппаратуры).

Существенно также качество интерпретации на станциях.

Точность данных может характеризоваться статистическим распределением невязок времен первых вступлений – отклонений отдельных наблюденных значений времен пробега от стандартных таблиц Джеффриса-Буллена.

В настоящее время в Центре разработана методика количественной оценки точности определения координат эпицентров, производится расчет доверительных эллипсов ошибок.

При этих расчетах учитывается расположение сейсмических станций по азимуту и эпицентральному расстоянию, а также осредненная для каждого района кривая распределения невязок, отличная от нормального гауссовского распределения.

Показано, что доверительный эллипс ошибок существенно уменьшается, если кривая распределения невязок для системы станций, участвующих в определении координат, имеет меньшую дисперсию.

На основании исследования вопроса о точности определения координат очагов достаточно сильных землетрясений по наблюдениям опорной сети станций [7] при использовании осредненной кривой распределения невязок по всем станциям результаты могут быть разбиты на 4 группы:

1. Памиро-Байкальская зона Центральной Азии, пояс Центральной части Индийского океана, Евро-азиатская зона — 90% наблюдений дают ошибку меньше $\pm$ 0,1°.

2. Япония, Атлантическо-арктический пояс, Аляска, Северная Америка, Калифорния, Австралия, Канада — 90% наблюдений дают ошибку меньше $\pm$ 0,2°.

3. Северная Америка, Южная Америка, Южная Африка, Новые Гебриды — 80% наблюдений дают ошибку меньше $\pm$ 0,6°.

4. Южный тихоокеанский район — 90% наблюдений дают ошибку меньше $\pm$ 0°,8.

На фиг. 1 показаны кривые распределения по точности определения координат эпицентров землетрясений различных районов.

Следует отметить, что результаты могут быть существенно улучшены при уточнении кривых распределения невязок времен первых вступлений на отдельных станциях.

2. Оценка пороговой чувствительности рассматриваемой сети станции

Для оценки пороговой чувствительности сети станций необходимо определить прежде всего магнитуду регистрируемых землетрясений.

В настоящее время определение магнитуды землетрясений осуществляется на основании измерения амплитуд и периодов в максимальной фазе по широкополосной аппаратуре (типа „6“)[1] [3].

---

[1]) Характеристики приборов типов „А“ и „Б“ приведены В § 2.

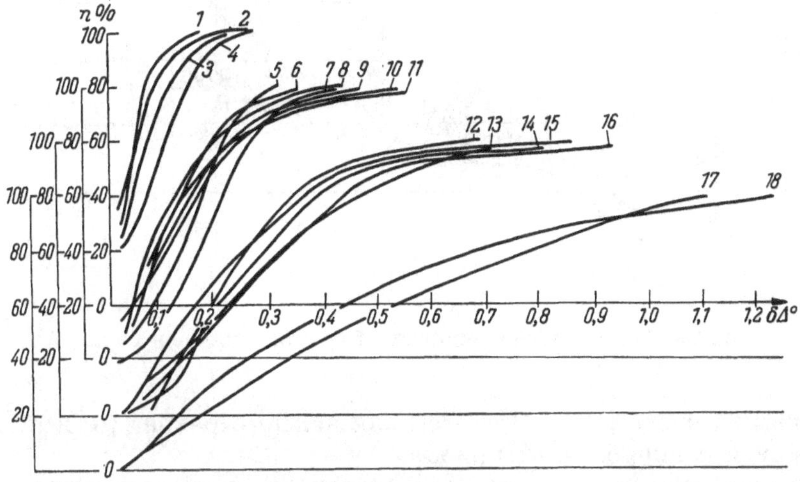

Фиг. 1. Криирвые распределения по точности определения координат эпицентров.

1 — Памиро-Байкальская зона, 2 — Памиро-Байкальская зона, 3 — Курило-Камчатская гряда, 4 — Пояс Центральной части Индийского океана, 5 — Япония и смежные районы, 6 — Атлантическо-Арктический пояс, 7 — Аляска, 8 — Северная Америка, 9 — Калифорния, 10 — Австралия, 11 — Канада, 12 — Северная Африка, 13 — Южная Америка, 14 — Южная Америка, 15 — Южная Африка, 16 — Новые Гебриды, Новая Гвинея, 17 — Арктический пояс, 18 — Арктический пояс

При этом возникают следующие трудности:

1. Использование данных высокочувствительной аппаратуры типа ,,А''.
2. Оценка магнитуды на малых эпицентральных расстояниях.
3. Разброс значений M от станции к станции.

1) Для определения величины магнитуды по данным аппаратуры типа ,,А'' было проведено исследование вопроса о возможности использования в этом случае калибровочной кривой для приборов типа ''Б''.
Оказалось, что калибровочная кривая для приборов типа ,,Б'' не пригодна для приборов типа ,,А''.

В связи с этим по данным двух сейсмических станций была построена в первом приближении калибровочная кривая приборов типа ,,А'' для определения магнитуды по вертикальной составляющей в волнах P (M_{PV}). Эта калибровочная кривая приведена на фиг. 2 [9].

2) Для возможности сопоставления землетрясений по величине их энергии на малых эпицентральных расстояниях вводится т. н. энер-

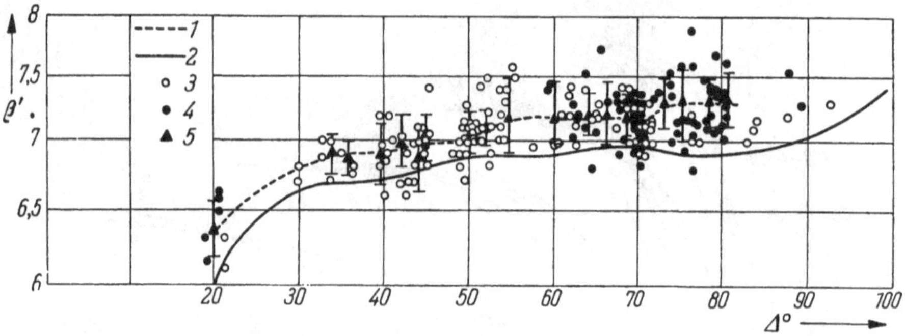

Фиг. 2. Калибровочная кривая M_{PV} для приборов типа „A"

гетический класс „K". При этом для каждого района [6] используются свои калибровочные кривые.

Их многообразие затрудняет сопоставление данных и возможность унификации.

Этот вопрос требует специального рассмотрения.

3) Разброс значений M от станции к станции может быть учтен путем введения соответствующих станционных поправок.

Для поверхностных волн этот вопрос был рассмотрен Н. С. Ландыревой [10]. В результате были вычислены станционные поправки к среднему значению магнитуды, рассчитанному на основании осредненных данных по группам станций, расположенных в отдельных районах.

Были получены станционные поправки для землетрясений различных очаговых зон; Алеутские острова, Камчатка, Южные Курилы, Япония, Средиземноморье, Иран, Средняя Азия, Аляска, Австралия и Океания.

Обнаружены различия в величинах поправок в зависимости от района очаговой зоны и от эпицентрального расстояния (фиг. 3).

Наличие станционных поправок и их зависимость от очаговых зон указывает на необходимость продолжения исследования вопроса о станционных поправках при оценке магнитуд как по поверхностным так и по объемным волнам.

На основании оцененных значений величин магнитуд землетрясений, для которых были определены координаты очагов, проведен анализ пороговой чувствительности сети станций для 14 крупных сейсмоактивных районов земного шара:

1. Америка-Аляска.
2. Северная Америка (западная часть).
3. Северная Америка (Центральная и Восточная части).

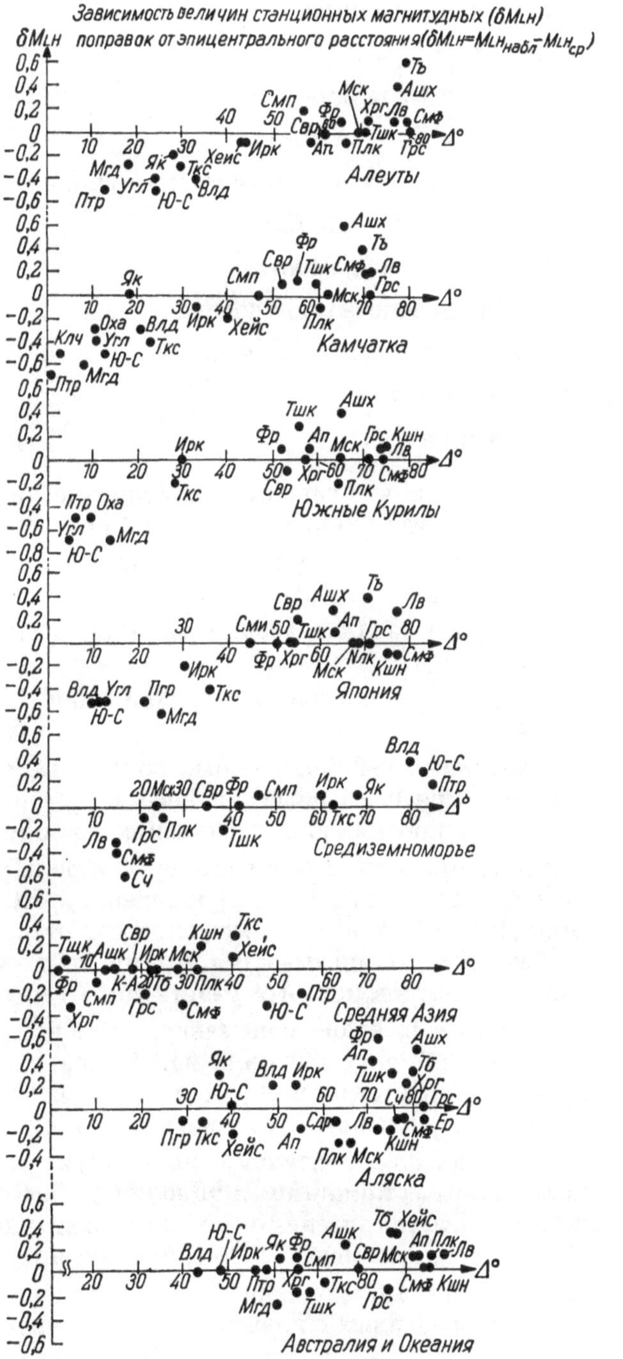

Фиг. 3. Зависимость величин станционных поправок от эпицентрального расстояния

4. Южная Америка.
5. Антарктика.
6. Новая Зеландия.
7. Новая Гвинея и др.
8. Япония, Курило-Камчатская гряда.
9. Юго-Восточная Азия.
10. Центральная Азия.
11. Европейско-Атлантическая область.
12. Африка.
13. Тихий океан.
14. Африка.

Оказывается, что координаты землетрясения районов 2, 4, 5, 6, 12, 13 определяются лишь с уровня $M > 6$.

Координаты землетрясений района 3 определяются с уровня $M = 4^1/_4$—5.

Координаты землетрясений районов 1, 7, 8, 11 определяются с уровня $M = 4$.

Координаты землетрясений районов 9 и 10 определяются с уровня $M < 4$.

В отдельных сейсмоактивных зонах СССР определяются координаты землетрясений более низкого энергетического уровня, однако только на основании данных близких сейсмических станций.

Следует отметить, что в системе сети роль участвующих в обобщении наблюдений станций неравноценна. Если принять количество землетрясений, для которых определяются координаты в системе сети, за 100%, то оказывается, что процент землетрясений, в определении эпицентров которых участвуют отдельные станции, различен.

На фиг. 4а, б, в показаны зависимости количества регистрируемых землетрясений определенной магнитуды по отношению к общему количеству землетрясений, для которых определены координаты очагов в оперативном сейсмологическом бюллетене.

Как видно, сравнительно мало регистрируется землетрясений сейсмическими станциями ,,Рацибуж", ,,София", ,,Будапешт" (всего лишь 20% землетрясений с уровня магнитуды $M = 5$, для станции ,,Рацибуж" даже менее 20% землетрясений с $M = 6^1/_2$).

Таким образом, важнейшей общей задачей является обсуждение вопросов, связанных с повышением пороговой чувствительности сети станций.

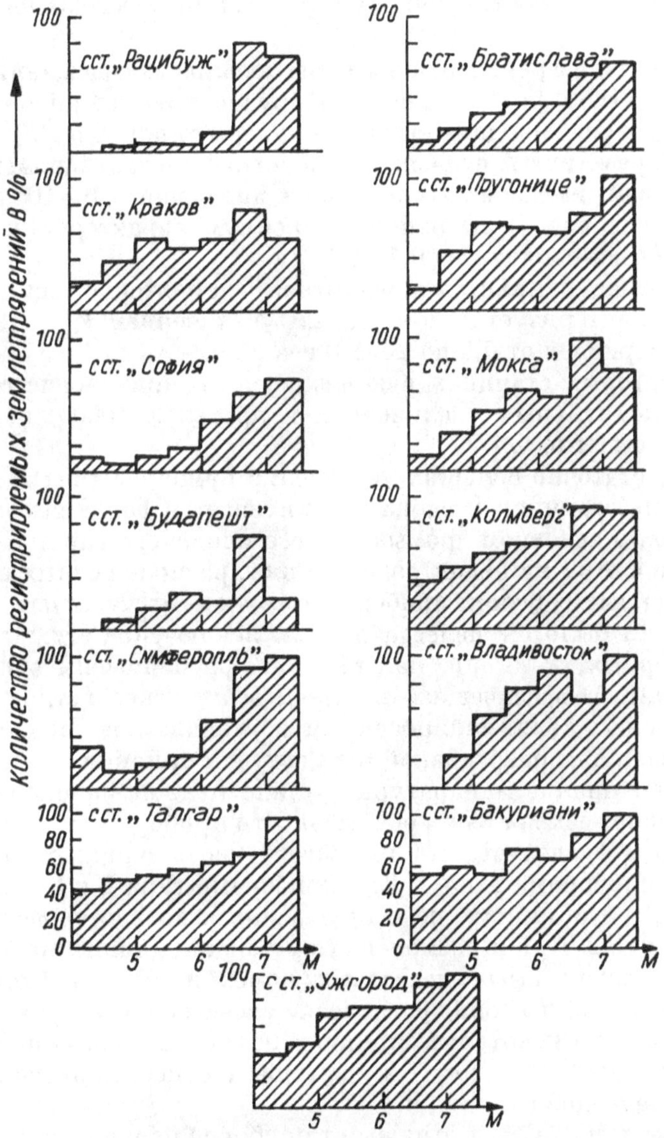

Фиг. 4. Зависимость количества регистрируемых землетрясений от магнитуды для различных опорных станций

§ 2. Оснащение опорных сейсмических станций и некоторые соображения по повышению их пороговой чувствительности

В соответсвии с рекомендациями региональных совещаний (Москва, 1964, Иена, 1965) [4; 11] типовым оборудованием опорной сейсмической станции региона должны быть приборы типов А и Б.

К приборам типа А относятся сейсмографы с гальванометрической регистрацией, имеющие увеличения в диапазоне $10^4 \div 10^6$ (в зависимости от условий регистрации), максимум характеристик которых приходится на периоды от 0,1 до 1 сек.

Стандартная амплитудно-частотная характеристика приборов типа Б характеризуется постоянным увеличением $V_0 = 1000 \pm 100$ в полосе периодов от 0,2 до 20 (10) сек.

На некоторых станциях рекомендовалось применение сейсмографов с максимальным увеличением в пределах 1000 для периодов около 50 сек. (тип С).

Из-за достаточно больших увеличений приборов типа А использование их на станциях региона ограничивается фоном высоко-частотных помех, в основном промышленного происхождения.

В связи с этим на целом ряде станций, расположенных в больших промышленных городах, приборы этого типа отсутствуют. Вместе с тем вряд ли было бы целесообразным исключение этих станций из числа опорных, т. к. они, как правило, расположены вблизи соответствующих геофизических центров, ведут многолетние наблюдения, обладают квалифицированным персоналом и хорошими средствами связи для оперативной передачи информации.

Проведем анализ аппаратуры, установленной на опорных станциях региона, исходя из их оснащенности приборами типов А, Б и С. Из таблицы 1 следует, что из общего числа опорных станций 21 оснащена приборами типа А, 25 – приборами типа Б и 4 — приборами типа С. На 9 станциях, не оборудованных до настоящего времени приборами типа А, нет возможности установить такие приборы из-за высокого уровня высокочастотных помех и, в этом смысле, сеть опорных станций региона практически насышена приборами тинпа А.

Отсутствие на некоторых станциях приборов типа Б не связано с уровнем сейсмических помех и может быть отнесено на счет недостаточной оснащенности станций.

Приборы типа ,,С‘‘, в отличие от приборов первых двух типов, не относятся к обязательному оборудованию станций, и их размещение в настоящее время скорее определяется постановкой специальных задач по изучению внутреннего строения земли.

В соответствии с планами стран-участниц ,,КАПГ‘‘ в 1968—1969 гг. планируется установка приборов типа ,,С‘‘ на 14 станциях (см. вторые строки в таблице, столбец 6, обозначение (+). Существенно важным вопросом, решение которого связано с расширением интерпретационных возможностей, является унификация и стандартизация амплитудно-частотных характеристик приборов типа А и Б. Если для приборов типа Б стандартизация характеристик является скорее чисто аппаратурной задачей и, как правило, не ограничивается уровнем сейсмических помех из-за сравнительно малого увеличения то стандартизация приборов типа А связана с большими трудностями из-за многообразия спектрального состава высокочастотных помех [1]. В связи с этим, специалистами СССР и ЧССР было проведено отдельное исследование и создана инструкция по стандартизации характеристик приборов типа А [5].

В соответствии с этой инструкцией рекомендуются 4 типа частотных характеристик приборов типа А (фиг. 5), применение каждой из которых на опорных станциях определяется спектральным составом сейсмических помех, а уровень определяется уровнем отдельных максимумов спектра.

В таблице 1 приведены результаты, указывающие на возможность применения стандартных типов характеристик приборов типа А на опорных станциях ‚КАПГ“, и соответствующие максимальные увеличения на этих характеристиках, исходя из конкретных спектров помех на этих станциях (см. столбец 4, вторые строки: римскими цифрами указан тип характеристики, арабскими—максимальное увеличение). При этом максимальные увеличения подсчитывались исходя из тех соображений, чтобы двойная амплитуда помех на записи не превосходила 1 мм. Результаты анализа возможных максимальных увеличений сведены в таблице 2.

Основными типами стандартных характеристик, которые могут быть применены для опорных станций „КАПГ“, будут II и IУ типы (соответствующие числа станций 8 и 9 из общего числа 21).

Для оценки минимальной регистрируемой магнитуды $M_{PV\min}$ по приборам типа А со стандартными характеристиками воспользуемся калибровочной кривой магнитуды (фиг. 2).

В соответствии с унифицированной формулой для расчета магнитуд $M_{PV} = \lg \frac{A}{T_m} + \sigma(\Delta)$, где А — максимальная амплитуда смещения почвы в микронах для приборов типа А, T_m — соответствующий ей период, $\sigma(\Delta)$ — соответствующая калибровочная кривая магнитуды.

В соответствии с общепринятой формулой переход от смещений на ленте к смещениям почвы можно записать

$$M_{PV} = \lg \frac{y(T_m) \cdot 1000}{V(T_m) \cdot T_m} + \sigma(\Delta) = \lg \frac{y \cdot 1000}{T_m \cdot V_{\max} \cdot K} + \sigma(\Delta)\,, \quad (1)$$

Таблица 1

№ № п/п	Название станции	Страна	Тип аппаратуры		
			А	Б	С
1	2	3	4	5	6
1.	Москва	СССР	—	+	+
2.	Апатиты	СССР	+ II; 40000	+	— (+)
3.	Ашхабад	СССР	+ III, 10000	+	—
4.	Бакуриани	СССР	+ II, 50000	+	— (+)
5.	Владивосток	СССР	+ I, 30000	+	—
6.	Гарм	СССР	+ III, 100000	+	— (+)
7.	Закаменск	СССР	+ IУ, 100000	—	—
8.	Кировабад	СССР	+ IУ, 100000	+	—
9.	Кишинев	СССР	—	+	— (+)
10.	Львов	СССР	—	+	—
11.	Петропавловск	СССР	+ II, 15000	+	—
12.	Пулково	СССР	—	+	— (+)
13.	Симферополь	СССР	+ II, 10000	+	(+)
14.	Сочи	СССР	+ II, 15000	+	— (+)
15.	Талгар	СССР	+ III, IУ, 65000	+	— (+)
16.	Ташкент	СССР	—	+	— (+)
17.	Тбилиси	СССР	—	+	— (+)
18.	Ужгород	СССР	+ I, 30000	+	—
19.	Фрунзе	СССР	+ III, 25000	+	— (+)

Таблица 1 (Продолжение)

1	2	3	4	5	6
20.	Южно- Сахалинск	СССР	+ II, IУ, 10000	+	+
21.	Якутск	СССР	+ II, 15000	+	—
22.	София	БНР	—	+	—
23.	Павликены	БНР	+ IУ, 55000	—	—
24.	Будапешт	ВНР	—	+	— (+)
25.	Пискештету	ВНР	+ IУ, 50000	— (+)	—
26.	Мокса	ГДР	IУ, 20000 +	+	+
27.	Колм	ГДР	+ IУ, 30000	+	—
28.	Варшава	ПНР	—	—	—
29.	Краков	ПНР	III, 40000 +	—	— (+)
30.	Пругонице	ЧССР	+ III, 200000	+	—

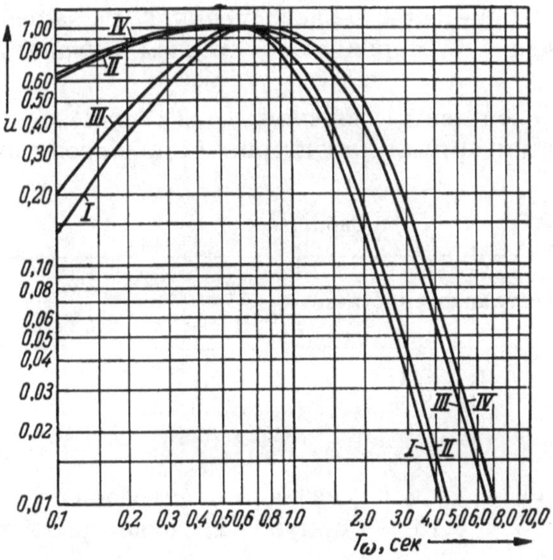

Фиг. 5. Стандартные характеристики приборов типа „А“
I, II, III, IУ — типы характеристик

Таблица 2

Диапазон V_{max}	10000—20000	20000—50000	50000—10000	>100000
Число станций	6	7	7	1
Минимальная регистрируемая магнитуда по приборам типа A ($M_{P\,V\,min}$) $\Delta = 50°$	6,0—$6^1/_4$	$5^3/_4$	$5^1/_4$—$5^1/_2$	<$5^1/_4$
То же при $\Delta = 20°$	$5^1/_4$—$5^1/_2$	5,0	$4^1/_2$—$4^3/_4$	<$4^1/_2$

где y — амплитуда на записи в мм,

$V(T_m)$ — соответствующее T_m увеличение аппаратуры,

V_{max} — максимальное увеличение, $K = \frac{V(T_m)}{V_m}$.

Исходя из соображений о выделении фазы уже при соотношении сигнал-помеха 2:1, можно переписать формулу (1) в виде:

$$M_{P\,V\,min} = \lg \frac{1000}{T_m \cdot V_{max} \cdot K} + \sigma(\Delta) = 3.0 - \lg K\, T_m - \lg V_{max} + \sigma(\Delta)\,. \quad (2)$$

По результатам предварительной оценки T_m по записям аппаратуры типа A значения T_m варьируют в среднем в диапазоне периодов от 1 до 1,8 сек.

В таблице 3 оценены значения $\lg kT_m$ для двух указанных значений T_m и стандартных характеристик приборов типа A (фиг. 5).

Таблица 3

Тип характеристики	T_m	
	1 сек	1,8 сек
I; II;	—0,15	—0,5
III; IУ	0,0	0,0

Среднее значение $\lg T_m$ для указанного диапазона T_m может быть оценено в $-0{,}15 \pm 0{,}15$ и формула (2) может быть переписана в виде:

$$M_{P\,V\,min} = 3.15 - \lg V_{max} + \sigma(\Delta)\,. \quad (3)$$

Из вида калибровочной кривой магнитуд для приборов типа А следует, что в диапазоне расстояний от 40° до 70° она слабо зависит от эпицентрального расстояния и, следовательно, минимальная регистрируемая магнитуда в соответствии с (3) определяется значением $V_{\max}$ (см. табл. 2). Уменьшение $M_{P\,V\,\min}$ для $\Delta = 20°$ определяется снижением уровня калибровочной кривой. Учитывая реальный разброс точек при построении $\sigma(\Delta)$ для приборов типа А, а также вариации $\lg kT_m$ при применении частотных характеристик различных типов можно оценить точность формулы в $\pm$ 0,5 единиц магнитуды.

Для расширения динамического диапазона типовой сейсмической аппаратуры опорной станции целесообразно рассмотреть возможность установки на станциях канала пониженной чувствительности (кпч) на характеристиках, аналогичных Б, но с увеличением $V_0 \simeq 100$ для регистрации достаточно сильных удаленных землетрясений. При этом по опыту сейсмической сети СССР достаточно использовать демпфирующие катушки сейсмографов комплекта Б с соответствующум образом подобранной цепью [2]. При этом дополнительно к имеющемуся комплекту оборудования потребуются только регистраторы, которые могут работать в непрерывном или ждущем режиме. В настоящее время такими каналами оборудованы только 13 опорных станций ,,КАПГ".

На основании изложенного, для повышения уровня наблюдений на опорных станциях целесообразно:

1. Провести изучение вопроса о точности времен первых вступлений по данным отдельных станций с целью выделения наилучших станций (с минимальной величиной дисперсии кривой распределения)

2. С цельно более точного определения параметров очага близких землетрясений целесообразно построить системы локальных годографов. Для удобства сводной интерпретации эти годографы целесообразно выводить в виде невязок по отношению к годографу Джеффриса-Буллена.

3. Проводить дальнейшее исследование вопросов, связанных с уточнением калибровочной кривой для приборов типа ,,А", а также с определением станционных поправок.

4. Провести стандартизацию характеристик приборов типа А в соответствии с рекомендациями инструкции [5], имея в виду при этом, что снижение уровня регистрируемой магнитуды практически определяется уровнем увеличения аппаратуры.

5. Закончить оборудование станций комплектами приборов типа Б и рассмотреть возможность расширения динамического диапазона этой аппаратуры путем установок на станциях каналов пониженной чувствительности.

Литература

[1] Aranovich, Z. I., Korchagina, O. A. and Tobyaš, V., A proposition of the standardization of amplitude characteristics of short period highly sensitive seismographs. Stud. geoph. et geod. **12** (1968).

[2] Архангельский, В. Т. и др., Аппаратура и методика наблюдений на сейсмических станциях СССР, изд. АН СССР, Москва, 1962.

[3] Ванек, В., Затопек, А. и др., Стандартизация шкалы магнитуд, Изв. АН СССР, сер. геофиз., **2** (1962).

[4] Empfehlungen der Arbeitsgruppe zur Abstimmung der Charakteristiken standardisierter Geräte für die Länder der Euro-Asiatischen Region. Standardisierung in der Seismologie, Jena 1965.

[5] Инструкция по стандартизации амплитудно-частотных характеристик короткопериодных высокочувствительных сейсмографов. Москва, 1968.

[6] Инструкция о порядке производства и обработки наблюдений на сейсмических станциях Единой системы сейсмических наблюдений СССР, Москва, 1966.

[7] Кондорская, Н. В., Желанкина, Т. С., Мебель, С. С. и Вартанова, Л. Ю., Некоторые результаты применения электронно-вычислительной машины при обобщении сейсмических наблюдений. Сб. Вычислительная сейсмология, **2** (1966).

[8] Кондорская, Н. В., Мебель, С. С. и Ашиткова, Т. М., К вопросу о точности эпицентров. В печати. Сб. Вычислит. сейсм.

[9] Кондорская, Н. В. и Федорова, И. В., К вопросу об оценке магнитуды землетрясений по наблюдениям короткопериодной аппаратуры на сейсмических станциях СССР. (В печати).

[10] Ландырева, Н. С., Определение M_{LH} при составлении сейсмологического бюллетеня сети опорных сейсмических станций. Информационный бюллетень № 15 (1968).

[11] Рекомендации УШ регионального совещания геофизиков стран европейско-азиатского региона. Геофизический бюллетень № 16 (1965) 41.

Einige Merkmale von seismischen Raumwelleneinsätzen und deren Berücksichtigung zur Verbesserung der Herdortung

P. Bormann[1])

Summary

A few characteristics of seismic body-wave onsets and possibilities of taking them into consideration for the improvement of the interpretation as well as for the epicentre and hypocentre calculations are discussed.

1. An analysis of the relative frequencies of all evaluable body-wave onsets in the seismic records of the station MOXA partly yielded significant differences at the occurence of equal phases in the records of quakes with magnitudes $m_B \geqq 5.5$ from different regions, but with equal distances from the station MOXA. Thus, S- and SS-waves were observed distinctly more rarely in the records of the western Aleutian quakes than in those of the eastern Aleutian ones. P was registered for 100% of all Philippines quakes, but only for 60% of the quakes from the areas of the Volcanoes-, Bonin-, and Mariana-Islands. On the other hand, PP from the first mentioned region could be evaluated only for 50% of all quakes, from the last mentioned region, however, for 90%. PP-waves of quakes from the area of the Southern Sandwich Islands were only registered in 22% of the cases, but of quakes from the area of the Banda, Sunda, and Ceram Seas in 100% of the cases. Provided that, on the average, onsets of equal distinctness in the records were evaluated equally frequently, then these results are an indication of quantitative differences in the periodic and amplitude spectra of the corresponding waves.
2. The fine splittings of the PKP travel-time curves, the amplitude and periodic characteristics of the onsets corresponding to them, the dependence of the recording character on the focal depth as well as on its influence by the frequency characteristic are described.
3. The recording character of multiple quakes is explained by examples, and it is discussed the problem of possible misinterpretations with other multiple phase sequences in epicentre distances at which fine splittings of the Jeffreys-Bullen traveltime curves are observed.
4. The amplitudes of the deep quake phases may be partly considerably greater than those of the corresponding direct waves. The causes are the emissive characteristics of true focal mechanisms directional dependent and different for longitudinal and transversal waves. In the case of shallow quakes, the phase sequence "direct wave – deep quake phases" as well as a multiple shock may appear in the records as short-time sequence of onsets with suc-

[1]) Institut für Geodynamik der Deutschen Akademie der Wissenschaften zu Berlin, Jena.

cessively increasing amplitude. An exact distinction of both cases is of great importance, but by means of the recordings of a single station mostly impossible. To this a comparing evaluation of the amplitude ratios of the successive phases in different azimuths in respect of the epicentre is needed.

Um den optimalen Einsatz der im Weltdatenzentrum B (Moskau) erarbeiteten Zusatzprogramme zur Herdortung zu gewährleisten[1]), wäre für alle mit dem Moskauer Datenzentrum kooperierenden Stationen die Berücksichtigung folgender Tatsachen von Bedeutung:

1. Relative Häufigkeiten von Raumwelleneinsätzen aus verschiedenen Bebenregionen

Auf Anregung von Frau Dr. N. V. KONDORSKAJA untersuchte der Verfasser die relativen Häufigkeiten des Auftretens von Raumwelleneinsätzen in den Aufzeichnungen der seismologischen Station Moxa. So gewonnene Häufigkeitsverteilungen bieten die Möglichkeit zur Abschätzung von Gewichtsfaktoren für die Phaseninterpretationen der Einzelstationen. Setzt man voraus, daß im Mittel gleichdeutliche Einsätze in den Aufzeichnungen gleichhäufig ausgewertet wurden, dann geben diese Ergebnisse zugleich erste Anhaltspunkte für ein zielgerichtetes Detailstudium der quantitativen Unterschiede in den Perioden- und Amplitudenspektren, die jene Deutlichkeits- und damit Häufigkeitsunterschiede bedingen. Anschließen wird sich der Versuch, diese Differenzen auf eventuelle Unterschiede in den Herdvorgängen, der Orientierung der Brüche bezüglich der Station wie auf mögliche azimutale Unterschiede entlang der Wellenwege zurückzuführen.

Ausgangsmaterial waren die vom Verfasser für die seismologischen Bulletins der Station Moxa ausgeführten Detailinterpretationen der Registrierungen. Verwendet wurden die Auswertungen von allen (ca. 800) Beben mit Magnituden $m_B \geqq 5{,}5$ (Magnitudenangaben aus den „Epicenter Data Reports" des USCGS), die sich im Zeitraum vom 1. 1. 65 bis zum 30. 8. 67 in Epizentralentfernungen $20° \leqq D < 170°$ ereigneten. Da eine globale Betrachtung die von der Herddistanz abhängigen Unterschiede in der Anzahl, Art und Intensität der beobachtbaren Wellentypen ebenso wie die möglicherweise existierenden Differenzen in den Aufzeichnungen von Beben aus verschiedenen, von Moxa aber gleichweit entfernten Regionen verwischen würde, wurden die relativen Häufigkeitsverteilungen für 30 verschiedene Bebenregionen getrennt ermittelt. Die Häufigkeitsanteile von Beben in den 3 Herdtiefenintervallen $0 < h < 70$ km, $70 \text{ km} \leqq h \leqq 300$ km und $h > 300$ km wurden getrennt berechnet und in den Darstellungen verschieden signiert (Abb. 1).

[1]) (EPI 2: Computer-Interpretation der innerhalb der ersten zwei bis vier Minuten nach dem Ersteinsatz gemeldeten Phasen als Tiefbebenphasen von P bzw. PKP für die Herdtiefenbestimmung; EPI 3: Berücksichtigung aller gemeldeten Phasen zur Kontrolle und Präzisierung der Epi- und Hypozentrenbestimmungen nach EPI 1 und EPI 2).

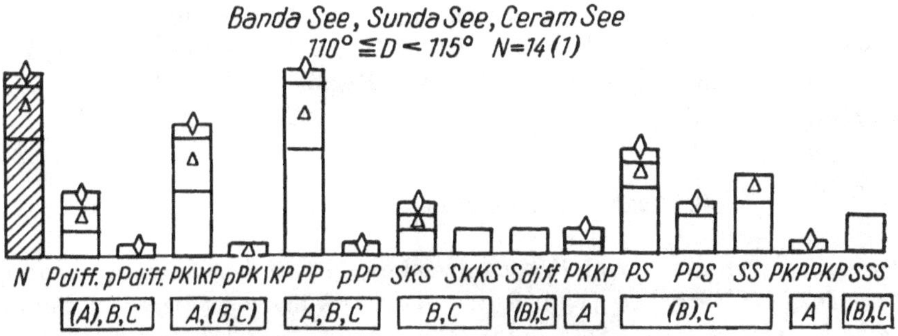

Abb. 1. Häufigkeiten des Auftretens verschiedener Raumwellenphasen in den Aufzeichnungen der Station Moxa von Beben aus den Gebieten Banda-See, Sunda-See, Ceram-See: $N = 14$ ist die Anzahl der ausgewerteten Beben. Kennzeichnung der Herdtiefenbereiche: weißes Feld – $h < 70$ km; Δ – 70 km $\leqq h \leqq 300$ km; $\diamond$ – $h > 300$ km. A, B, C – Gerätesymbole (siehe Text)

Unter den „Häufigkeitssäulen" der Phasen ist durch die Symbole A (kurzperiodischer Seismograph: $T_s = 1{,}5$ s, $T_g \approx 0.35$ s), B (langperiodischer Breitbandseismograph: $T_s = 20$ s, $T_g \approx 1.1$ s), C (langperiodischer Seismograph: $T_s = 30$ s, $T_g = 80$ s) ein Hinweis auf die Standard-Seismographentypen gegeben, in deren Aufzeichnungen diese Einsätze im Mittel am deutlichsten (bzw., wenn in Klammern geschrieben, weniger deutlich bzw. seltener) registriert werden. Das interessanteste Ergebnis dieser Untersuchungen sind signifikante relative Häufigkeitsunterschiede im Auftreten gleicher Phasen in den Aufzeichnungen von Beben aus verschiedenen, von Moxa gleichweit entfernten Bebenregionen, z. B.:

a) S- und SS-Wellen wurden in den Aufzeichnungen der westlichen Aleutenbeben (Nahe-Inseln, Ratten-Inseln, $75° < D < 78°$) deutlich seltener als in denen der östlichen Aleutenbeben (Fuchs-Inseln, Andreanof-Inseln, $76° < D < 79°$) beobachtet.

b) P wurde für alle Philippinenbeben ($86° < D < 102°$) aber nur für 60% der Beben aus dem Gebiet der Vulkan-Inseln, Bonin-Inseln und Marianen-Inseln ($90° < D < 105°$) registriert. Andererseits konnte PP aus der erstgenannten Region nur für 50%, aus der letztgenannten dagegen für 90% aller Beben ausgewertet werden.

c) PP-Wellen von Beben aus dem Gebiet der Süd-Sandwich-Inseln ($110° \leqq D \leqq 115°$) wurden an der Station Moxa wesentlich seltener (in 22% der Fälle) als von Beben aus dem Gebiet der Banda-, Sunda- und Ceram-See ($110° < D \leqq 115°$) registriert (in 100% der Fälle!).

Signifikanztests ergaben, daß die Wahrscheinlichkeit α, daß die Abweichungen zufälliger Natur sind und die Stichprobenergebnisse aus gleichen Grundgesamtheiten gewonnen wurden, für alle genannten Beispiele nur gleich bzw. kleiner 10% ist.

Signifikante Unterschiede ergaben sich auch in der Verteilung der Herdtiefen h der registrierten Beben aus dem Bereich der Tonga- und Samoa-Inseln ($143° < D < 156°$)[1]) einerseits und der Fiji-Insel-Region ($144° < D < 156°$)[2]) andererseits.

2. Auswertung longitudinaler Kernphasen

Detailuntersuchungen von Bebenaufzeichnungen in Epizentralentfernungen $123° < D < 160°$ ergaben [1, 2, 5, 11], daß zwischen bzw. vor den Laufzeitästen AB ($143° \leqq D \leqq 180°$) und DF ($110° \leqq D \leqq 180°$) der Jeffreys-Bullenschen Laufzeitkurven weitere Phaseneinsätze beobachtet werden, also weit über den bereits dort angegebenen Zwischenast BC hinaus. Der deutlichste dieser Einsätze, von Bolt [2] als $PKHKP$ bezeichnet, entspricht dem Laufzeitast GH in der Arbeit von Adams und Randall [1]. Er erscheint zwischen G und E ($123° < D < 145°$) als schwacher, kurzperiodischer, doch nicht immer erster Vorläufer der Hauptphase $PKIKP$, die dem Laufzeitast DF entspricht (Abb. 2). In der Nähe des Brennpunktes ($142° < D \leqq 147°$) ist keine sichere Trennung der verschiedenen Kernphasen möglich. Für $D >$ ca. 147° lassen sich mit zunehmender Deutlichkeit die 3 Phasen $PKIKP$, $PKHKP$ und $PKP2$ (Laufzeitast AB) unterscheiden. $PKIKP$ besitzt die kleinste und $PKHKP$ zunächst die größte Amplitude (Abb. 3). $PKHKP$ wird für $D >$ ca. 153° deutlich schwächer und kann nur in günstigen Fällen noch bis zu Ent-

Abb. 2.[3]) $D = 139{,}8°$ (Neue Hebriden 15.36° S 167.50° E, $H = 00\ 58\ 54.7$, $h = 137$ km, $m_B = 5.2$ (USCGS)). Registrierung des kurzperiodischen Vertikalseismographen VSJ-II ($T_s = 1{,}0$ s, $T_g = 1{,}0$ s, $V_{max} = 100000$-fach)

[1]) Für 70% der registrierten Beben war 0 km $< h <$ 70 km, für 30% 70 km $\leqq h \leqq$ 300 km.

[2]) Für 12% der Beben war 0 km $< h <$ 70 km, für 22% 70 km $\leqq h \leqq$ 300 km, für 66% der Beben $h >$ 300 km).

[3]) Die Abb. 2–7 sind Ausschnitte seismischer Registrierungen der Station Moxa des Instituts für Geodynamik Jena. Maßstab 1:1. Der Abstand der Zeitmarken entspricht 1 Minute.

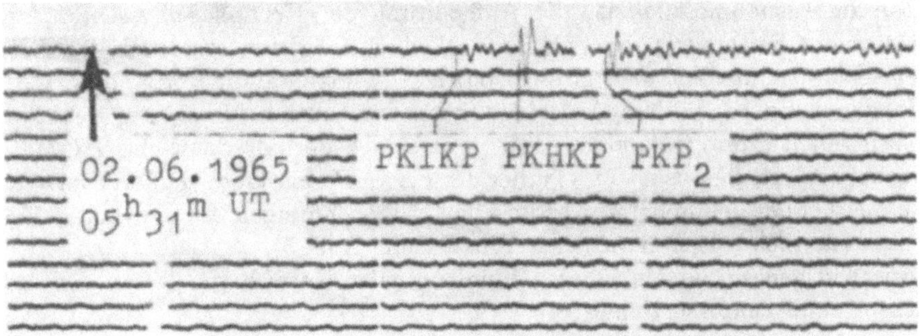

Abb. 3. $D = 151.3°$ (Südlich der Fiji-Inseln 23.50° S 179.99° E, $H = 05\ 12\ 59.1$, $h = 539$ km, $m_B = 5.6$ (USCGS)).
Registrierung des modifizierten Krumbach (kurzperiodischer Vertikalseismograph; $T_s = 2{,}0$ s, $T_g = 0{,}20$ s, $V_{\max} = 23000$fach)

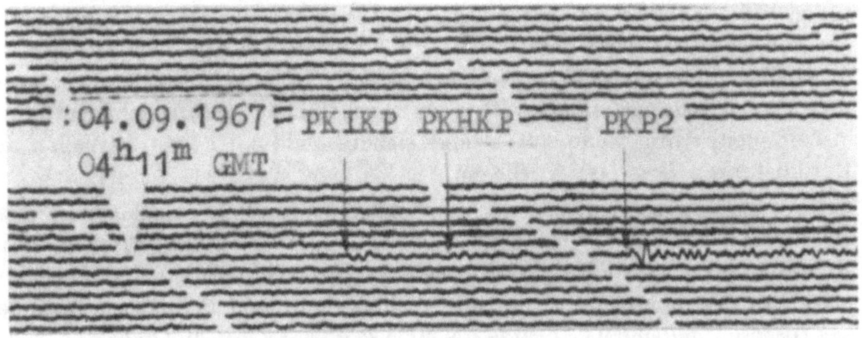

Abb. 4. $D = 159.1°$ (Kermadec-Inseln 31.44° S 179.45° W), $H = 03\ 51\ 58.9$, $h = 231$ km, $m_B = 5.5$ (USCGS)).
Registrierung des kurzperiodischen Vertikalseismographen SMK-III ($T_s = 1{,}5$ s, $T_g = 0{,}35$ s, $V_{\max} = 20000$fach)

fernungen von ca. 160° verfolgt werden (Abb. 4). *PKP*2 besitzt für $D >$ ca. 155° die größte Amplitude. Zahlreiche Registrierbeispiele aus verschiedenen Epizentralentfernungen zwischen $125° < D < 160°$ werden in [3] gegeben. Einsätze, die mit Sicherheit dem von Adams und Randall angegebenen Zwischenast *IJ* zugeordnet werden könnten, wurden in den Aufzeichnungen der Station Moxa bisher nicht festgestellt. Deutlich ist dagegen die Aufspaltung der *PKP*2-Laufzeitkurve in zwei Äste. Der zweite, schwächere Einsatz erscheint 6—9 s später als der erste. Ergin [5] gibt für den zweiten *PKP*2-Laufzeitast 3—6 s längere Laufzeiten.

Eine sichere Aussonderung der Phasen *PKHKP* und *PKP*2 ist in Aufzeichnungen von Flachbeben mit Epizentralentfernungen $147° < D < 155°$ meist nicht möglich, da sie von den Tiefbebenphasen oft bis zur Unkenntlichkeit überlagert sind.

Nur in Ausnahmefällen ist die Aufspaltung der Kernphasen auch in langperiodischen Seismographen sicher zu erkennen, obgleich innerhalb der *PKP*-Wellengruppe zum Teil sehr langperiodische Spektralanteile vorhanden sind.

In den langperiodischen Aufzeichnungen der Station Moxa von Beben aus Epizentralentfernungen um ca. 140° wurden wiederholt deutliche *PKP*-Einsätze registriert, die bis zu 14 s früher als *PKIKP* einsetzen. *PKIKP* erschien in diesen Fällen in den kurzperiodischen Aufzeichnungen als deutlicher Ersteinsatz zur theoretisch erwarteten Einsatzzeit (Abb. 5).

Aus den genannten Merkmalen longitudinaler Kernphasen lassen sich u. a. nachfolgende Schlüsse ziehen:

a) *PKIKP* ist nicht, wie in den JEFFREYS-BULLENschen Laufzeitkurven angenommen, stets longitudinaler Ersteinsatz. In Abhängigkeit vom Nutzsignal-Störpegel-Verhältnis erscheinen an den Stationen in Epizentralentfernungen $D > 120°$ *PKHKP* oder andere lang- und/oder kurzperiodische Kernphasen, für $D >$ ca. 155° auch *PKP*2 als Ersteinsätze. Diese Phasen können bis zu einigen 10 s früher oder später als *PKIKP* einsetzen. Die Mitverwendung der von den Stationen gemeldeten PKP-Ersteinsätze bei der Herdortung unter Zugrundelegung der Laufzeitkurve für *PKIKP* (Rechenprogramm EPI 1 des Weltdatenzentrums B) kann zu erheblichen Ortungsfehlern führen, insbesondere dann, wenn nur wenige sichere Meldungen von *P*-Wellen aus Herddistanzen $D < 100°$ vorliegen.

b) Erfolgt die Phasendeutung an den Stationen und Rechenzentren unter alleiniger Verwendung der JEFFREYS-BULLENschen Laufzeitkurven ohne Kenntnis der zusätzlichen Laufzeitäste wie der Amplituden und Periodenmerkmale der ihnen entsprechenden Wellen, dann sind Fehlinterpretationen der späteren multiplen Einsätze als *pPKP* oder *sPKP* möglich.

c) Da für die longitudinalen Kernphasen wie für andere seismische Wellen die Einsatzzeiten in den Aufzeichnungen verschiedener Seismographentypen (kurz-, mittel-, langperiodisch) oft erheblich differieren, sollten für die seismischen Bulletins solche Fälle detailliert ausgewertet werden. Dabei empfiehlt es sich, nach den Einsatzzeiten stets das Symbol des Seismographen anzugeben, aus dessen Aufzeichnungen die entsprechende Einsatzzeit bestimmt wurde.

3. Multiple Beben

Die Multiplität von Erdbeben, seit STONLEYS Untersuchungen über das Mongoleibeben vom 10. August 1931 gesicherte Erkenntnis, ist eine häufige Erscheinung, vor allem bei stärkeren Beben (z. B. Alaska-Beben 1964 [12], Niigata-Beben 1964, Aleuten-Beben 1965 (Abb. 6), Westpakistan-Beben 1966). Im Unterschied zu den Nachbeben, die mit abnehmender Intensität und Häufigkeit oft noch Wochen und Monate nach dem Hauptstoß auftreten, kommt es bei den multiplen Beben innerhalb einiger Sekunden bis einiger 10 Sekunden

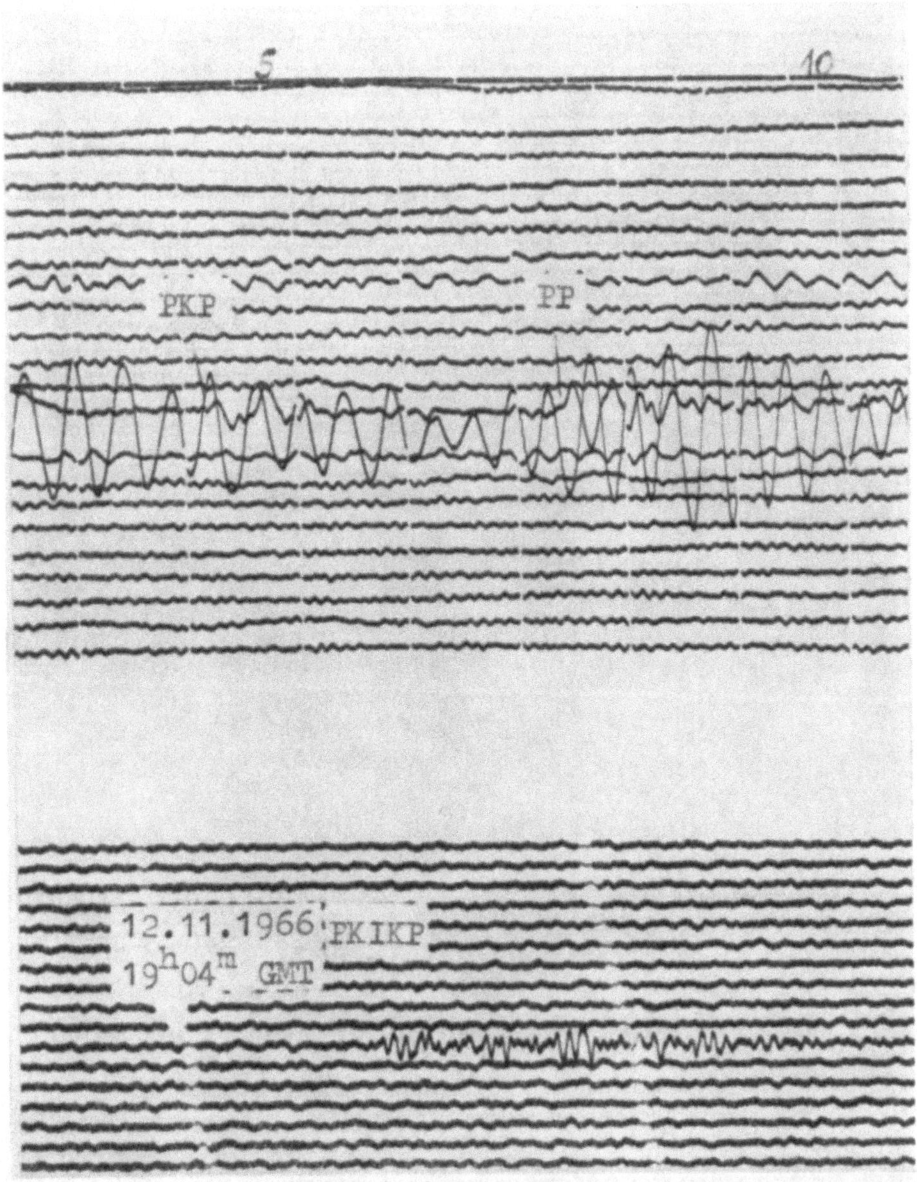

Abb. 5. $D = 139.9°$ (Neue Hebriden 15.64° S 167.26° E; $H = 18\,45\,01.0$, $h = 40$ km, $m_B = 5.2$ (USCGS)).
Oben: Registrierung des langperiodischen Vertikalseismographen VSJ-I/L ($T_s = 30$ s, $T_g = 80$ s, $V_{max} = 1500$fach).
Unten: Registrierung des modifizierten Krumbach ($V_{max} = 23000$fach)

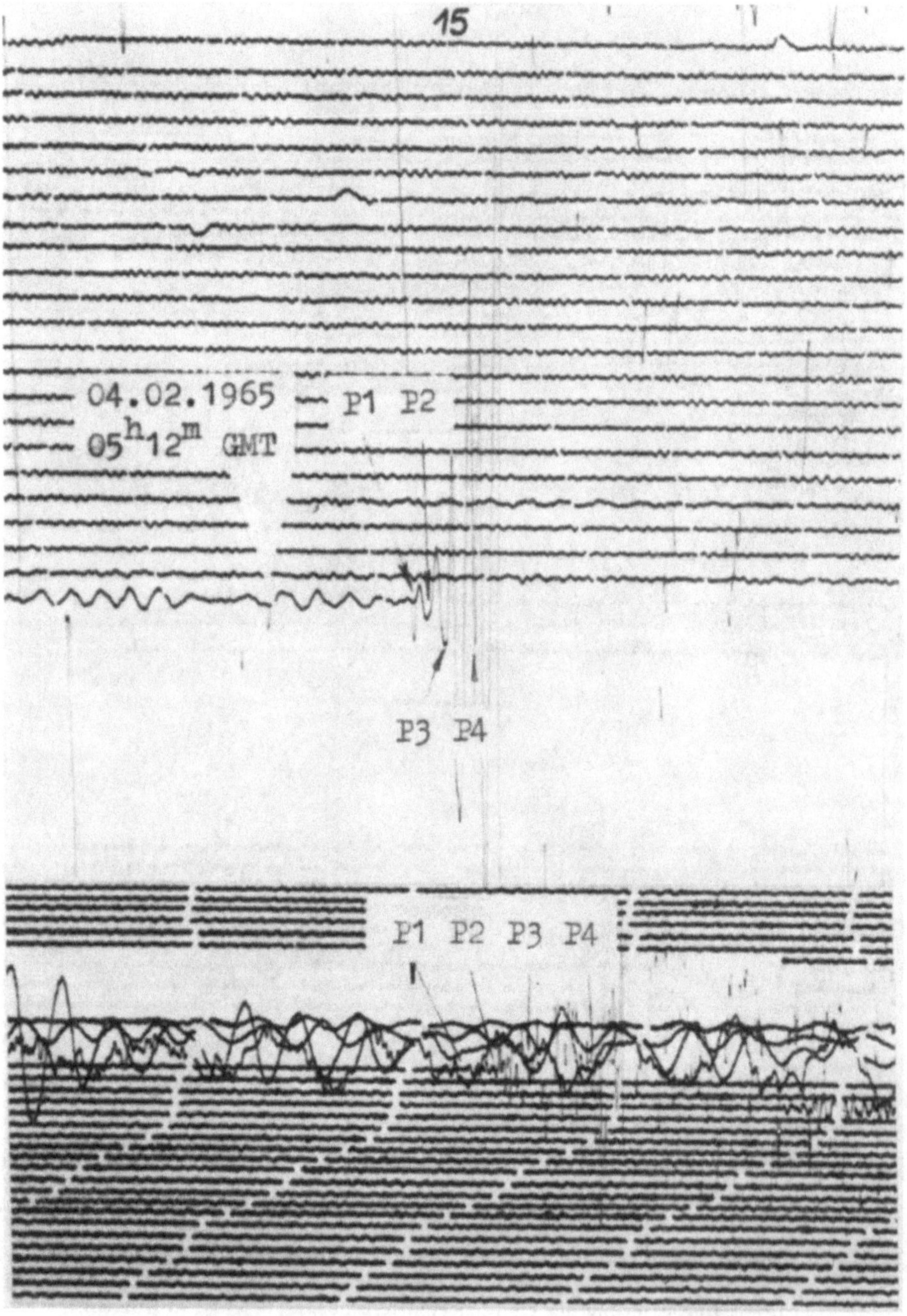

Abb. 6

im Bebengebiet zu einer Folge von zwei oder mehreren Bruchvorgängen entlang einer oder mehrerer benachbarter Verwerfungszonen (näheres siehe [10]). Seismische Registrierungen dieser Ereignisse zeigen meist eine entsprechende zeitliche Folge der einzelnen Welleneinsätze mit schrittweise anwachsenden Amplituden und — weniger deutlich — Perioden. Wyss und Brune [12] ermittelten z. B. aus den Aufzeichnungen des Alaska-Bebens vom 28. März 1964 eine Folge von sechs Einsätzen (9 s, 19 s, 28 s, 29 s, 44 s, 72 s) nach dem Ersteinsatz. Ihnen entsprechen Herdzentren, die zwischen 35 km und 250 km vom Initialherd entfernt liegen. Für die Fortpflanzung des Bruches errechnete sich daraus eine Durchschnittsgeschwindigkeit von $\bar{v} = 3{,}5$ km/s.

Eine möglichst vollständige Erfassung solcher multipler Bruchvorgänge wie ihrer zeitlichen, räumlichen und energetischen Besonderheiten ist für ein besseres Verständnis der seismotektonischen Prozesse wie des rheologischen Verhaltens von Kruste und Mantel von erheblicher Bedeutung. Leider sind die beschriebenen Aufzeichnungsmerkmale nicht eindeutig. Es ist nicht möglich, multiple Welleneinsätze stets auf multiple Beben zurückzuführen. Multiple Phasenfolgen werden z. B. für verschiedene Wellentypen in ganz bestimmten Herdentfernungen beobachtet. Ihnen entsprechen Feinaufspaltungen der bekannten Standard-Laufzeitkurven, z. B. die Aufspaltung des P-Laufzeitastes im Bereich der regionalen Übergangszone [4, 9], die Aufspaltung des Laufzeitastes für S-Wellen, wie sie Gutenberg [6] nachwies, und die Aufspaltung der Laufzeitäste longitudinaler Kernphasen (siehe 2). Sie können eine Folge multipler Beben vortäuschen. Dagegen kann *PcP*, das sich zwischen 60° und 90° Herddistanz der Phase *P* von 1 Minute bis auf 2 Sekunden Abstand nähert, niemals den Einsatz eines zweiten, stärkeren Bebens vortäuschen, da die Amplitude von *PcP* stets kleiner als die von *P* ist. Sie nimmt zunächst allmählich und für $D > 70°$ stark mit wachsender Herdentfernung ab. *PcP* kann für $D > 80°$ meist nicht mehr in der dem *P*-Ersteinsatz nachfolgenden Schwingungsunruhe ausgemacht werden (s. [8]).

4. Tiefbebenphasen

Schwieriger ist eine Unterscheidung zwischen der Phasenfolge eines multiplen Bebens und den Tiefbebenphasen von einem oberflächennahen Herd. Eine von Hedeyati und Hirasawa [12] veröffentlichte Auswahl von 19 Registrierungen

Abb. 6. $D = 78.0°$ (Ratten-Inseln/Aleuten 51.32° N 178.59 E, $H = 05\,01.\,218$, $h = 40$ km (USCGS)).

Oben: Registrierung des langperiodischen Vertikalseismographen VSJ-I/200 ($T_s = 20$ s, $T_g = 1{,}8$ s, $V_{max} = 200$fach).

Unten: Registrierung des kurzperiodischen Vertikalseismographen SKM-III ($V_{max} = 20\,000$fach) eines Hindukush-Tiefbebens läßt erkennen, daß sowohl die Amplituden von *pP* als auch die von *sP* erheblich größer als die Amplituden des Ersteinsatzes sein können. Ebenso kann *pP* intensiver, aber auch schwächer (z. B. Abb. 7) als *sP* sein. Die Perioden der stärkeren Einsätze sind dabei in der Regel größer. Die Möglichkeit solch starker Unterschiede der Perioden und Amplituden dieser Wellen in den Aufzeichnungen ein und desselben Bebens in verschiedenen Herddistanzen und Azimuten wird verständlich, wenn man die unterschiedlichen Ausstrahlungscharakteristiken realer Herdmechanismen für *P*- und *S*-Wellen berücksichtigt. Außerdem sind erhebliche Unterschiede in der Intensität der Wellen möglich, die vom Herd zunächst in Richtung der Erdoberfläche, oder aber auf dem direkten Wellenweg zur Station gelaufen sind. Das gilt im Prinzip ebenso für die direkten Wellen und die Tiefbebenphasen von Beben geringer Herdtiefe. Folglich kann auch die Phasenfolge *P*, *pP*, *sP* durch kurzzeitig aufeinanderfolgende Einsätze mit anwachsenden Amplituden und Perioden ge-

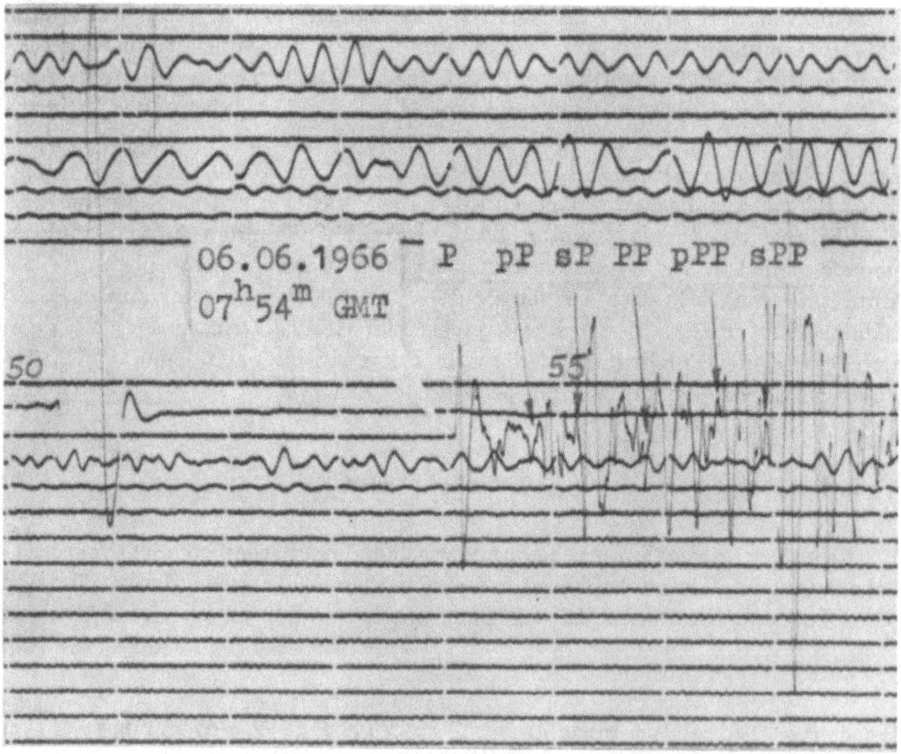

Abb. 7. $D = 44.3°$ (Afghan.-UdSSR Grenzgebiet 36.32° N 71.16° E, H = 07 46 16.2, h = 220 km, $m_B = 6.3$ (USCGS)).
Registrierung des langperiodischen Vertikalseismographen VSJ-I/1000
(T_s = 20 s, T_g= 1,25 s, $V_{\max}$ = 1000fach)

kennzeichnet sein und somit Einsätze eines multiplen Bebens vortäuschen. Eine Unterscheidung ist durch die vergleichende Auswertung der Aufzeichnungen vieler Stationen möglich, wenn diese den Bebenherd möglichst allseitig umgeben. Die Amplitudenverhältnisse der Phasen *P*, *pP* und *sP* zueiander zeigen eine deutliche Azimutabhängigkeit, während die Amplitudenverhältnisse von *P*1, *P*2, *P*3, . . . azimutunabhängig sein müßten, solange die Voraussetzung erfüllt ist, daß sich die Herdmechanismen der aufeinanderfolgenden Stöße weder nach dem Bruchtyp noch nach der räumlichen Bruchorientierung wesentlich voneinander unterscheiden.

Die Schwierigkeit genauer Herdtiefenberechnungen für oberflächennahe Beben mit Hilfe der longitudinalen Ersteinsätze bei fehlenden Stationen im herdnahen Gebiet ist bekannt. Genauere Herdtiefenangaben gerade auch für die Beben in der Erdkruste wie im oberen Erdmantel besitzen außerordentliche Bedeutung für statistische Untersuchungen der Strainauslösung als Funktion der Herdtiefe und der zeitlich-räumlichen Aufeinanderfolge und Häufigkeitsverteilung von Beben — sei es in säkularen Zeiträumen über große Gebiete hinweg oder innerhalb einer Schwarm- oder Nachbebenserie. Entsprechende Daten gestatten wichtige Rückschlüsse auf die Bau- und Bewegungsformen wie auf das rheologische Verhalten der Erdkruste und des -mantels. Die Voraussetzungen für eine sichere routinemäßige Interpretation von Tiefbebenphasen flacher Beben wie für die Feststellung und genaue Ortung multipler Bruchvorgänge zu schaffen, ist heute eine dringende Forderung an alle mit der Datensammlung und -bearbeitung betrauten Seismologen und Datenzentren.

Literatur

[1] Adams, R. D. and Randall, M. I., The fine structure of the earth core. Bull. Seism. Soc. Am., **54** (1964) 5, 1299—1313.

[2] Bolt, A., The velocity of seismic waves near the earth's center. Bull. Seism. Soc. Am., **54** (1964) 1, 191—208.

[3] Bormann, P., Aufzeichnungen longitudinaler Kernphasen an der Station Moxa und ihre Interpretation. Veröff. Inst. Geodynamik Jena, Reihe B (1967) Seismolog. Bulletin 1965, Station Moxa.

[4] Carder, D. S., Gordon, D. W. and Jordan, I. N., Analysis of surface-foci travel times. Bull. Seism. Soc. Am., **56** (1966) 4, 815—840.

[5] Ergin, K., Seismic evidence for a new layered structure of the earth's core. J. Geophys. Res., **72**, (1967) 14, 3669—3687.

[6] Gutenberg, B., On seismic waves. Part I. Gerlands Beiträge zur Geophysik, **43** (1935).

[7] Hedeyati, A. and Hirasawa, T., Mechanism of the Hindu Kush earthquake of Jan. 28, 1964, derived from S wave data: The use of pP-phase for the focal mechanism determination. Bull. of the Earthquake Research Institute, **44** (1966) 1419—1434.

[8] Kanamori, H., Spectrum of P and PcP in relation to the mantle-core boundary and attenuation in the mantle. J. Geophys. Res., **72** (1967) 2, 559—571.

[9] Lehmann, I., On the velocity of P in the upper mantle. Bull. Seism. Soc. Am., **54** (1964) 4, 1097—1103.

[10] Miyamura, S., Omote, S., Teisseyre, R. and Vesanen, E., Multiple shocks and earthquake series pattern. Bull. of the Int. Inst. of Seismology and Earthquake Engineering, 2 (1965), 71–92.
[11] Subiza, G. P. and Bath, M., Core phases and the inner core boundary. Geophys. J. RAS, 8 (1964) 5, 496–512.
[12] Wyss, M. and Brune, J. N., The Alaska earthquake of 28 march 1964: A Complex multiple rupture. Bull. Seism. Soc. Am., **57** (1967) 5, 1017–1023.

Untersuchung von Laufzeitresiduen an der Station Moxa

P. BORMANN[1])

Summary

The travel-time residuals from *P*-wave observations at the station Moxa were investigated for the same data

a) basing on epicentre data of the World-Data-Centre B (Moscow, Academy of Sciences of the USSR) and

b) by using the calculation results of the USCGS.

The causes for the great differences of the obtained frequency distributions are discussed in [1] and [2]. In this paper, conclusions are drawn from those works.

Recent investigations of frequency distributions of the travel-time residuals of *PP*- and *SS*-waves showed that the onsets of *PP*-waves reflected under oceans were on the average by 3,8 s earlier than expected according to the JEFFREYS-BULLEN travel-time tables. The mean value of the travel-time residuals of *PP*-waves with a continental reflection area, however, is $\delta t_{PP}=1{,}0$ s. There ist no corresponding difference between the mean travel-time residuals obtained for the SS-reflections under oceans and continents, respectively. Causes possible for those phenomena are discussed. Analogical results from investigations of the relative frequencies at the occurrence of *PP*- and *SS*-reflections, respectively, in the records of the station Moxa are indicated.

Die JEFFREYS-BULLEN Laufzeitresiduen von *P*-Wellenbeobachtungen an der Station Moxa wurden für das gleiche Datenmaterial

a) Unter Zugrundelegung der Herdangaben des Weltdatenzentrums B (Moskau, Akademie der Wissenschaften der UdSSR) [1] und

b) unter Verwendung der Rechenergebnisse des U. S. Coast and Geodatic Survey (Weltdatenzentrum A, Washington) [2]

untersucht. Sowohl die summarischen als auch die nach Herdgebieten getrennten relativen Häufigkeitsverteilungen zeigen deutliche Unterschiede (Abb. 1). Ihre Ursachen werden in [1] und [2] diskutiert. Die wichtigsten Schlußfolgerungen sind:

1. Reale Laufzeitanomalien, die alle Einflüsse der vom zugrundegelegten Modell möglicherweise abweichenden Geschwindigkeitsprofile des Herd- und Stationsgebietes wie des Wellenweges enthalten, können auf 2 Wegen gewonnen werden:

   a) *direkt* durch ein Studium der Welleneinsätze von starken (nuklearen) Explosionen (z. B. CARDER u. a. [3]) oder von Beben mit genau bekannten

[1]) Institut für Geodynamik der Deutschen Akademie der Wissenschaften zu Berlin, Jena.

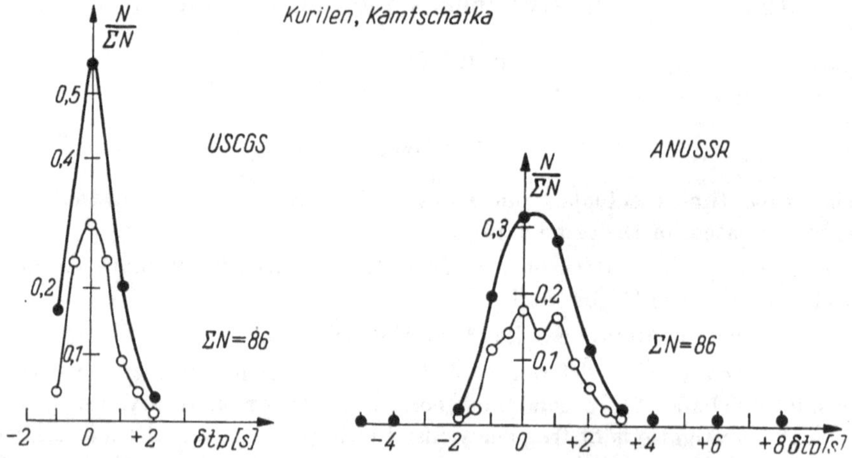

Abb. 1. Relative Häufigkeitsverteilungen der Jeffreys-Bullenschen Laufzeitresiduen für P-Wellen (δt_P)[1]) von Beben aus der Region Kurilen-Kamtschatka (70.5° $< D <$ 79°, 15° $< Az <$ 31°; links: bei Verwendung der Herdberechnungen des USCGS; rechts: bei Verwendung der Herdberechnungen der ANUSSR)

Herdkoordinaten und -zeiten (eine für Beben meist nur mit Einschränkungen erfüllbare Forderung) und

b) *indirekt* durch die Untersuchung der δt-Differenzen zwischen verschiedenen Stationspaaren, deren Lage bezüglich eines mit nicht zu großem Fehler bekannten Bebenherdes geeignet auszuwählen ist (z. B. [4]).

2. Die Analyse der Laufzeitresiduen von P-Wellen an einer Einzelstation unter Zugrundelegung berechneter Herdangaben ist in der Regel ungeeignet zur quantitativ und oft auch qualitativ sicheren Ermittlung anomaler Geschwindigkeitsverhältnisse im Herdgebiet wie entlang des Wellenweges zur Station (Abb. 2). Eine Ursache dafür ist die Berechnung der Bebenherde nach der Methode der kleinsten Quadrate unter Verwendung eines transversal-isotropen (z. B. des Jeffreys-Bullenschen) Geschwindigkeitsmodells. Reale Laufzeitanomalien bezüglich dieses Modells bedingen systematische Verschiebungen der berechneten Herdkoordinaten und -zeiten gegen die wirklichen. Größe und Tendenz der Verschiebung wie der Grad der dadurch bedingten Verwischung der realen Laufzeitresiduen sind abhängig von der Anzahl der bei den Berechnungen verwendeten Stationen wie von ihrer Lage bezüglich des Bebenherdes und der anomalen Geschwindigkeitsstrukturen [5].
3. Ablesefehler und Ungenauigkeiten im Zeitdienst einer Station können für ein großes Wertekollektiv als statistisch zufällig angesehen werden. Betrachtet

---

[1]) δt_P ist die Differenz zwischen der beobachteten und der nach den Jeffreys-Bullenschen Laufzeitkurven berechneten Einsatzzeit für P.

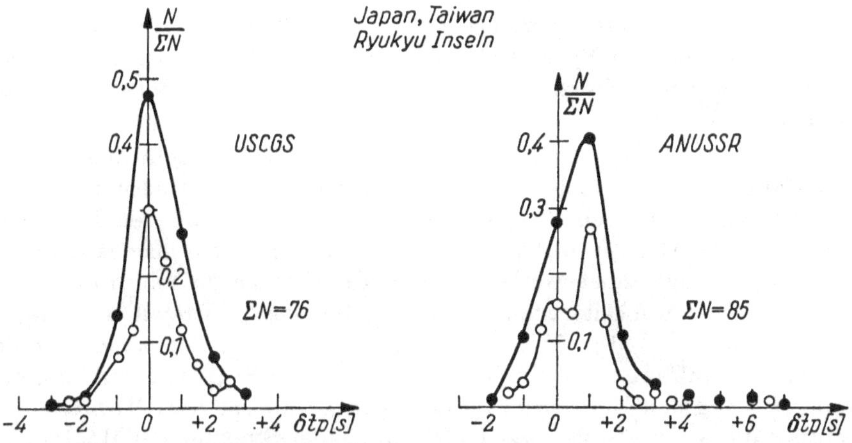

Abb. 2. Relative Häufigkeitsverteilung der δt_P von Beben aus den Regionen Japan, Ryukyu-Inseln und Taiwan ($75° < D < 89°$, $32° < Az < 62°$; links: bei Verwendung der Herdberechnungen des USCGS; rechts: bei Verwendung der Herdberechnungen der ANUSSR)

man auch den Einfluß anomaler Geschwindigkeitsverteilungen auf die Laufzeit der Wellen im Bereich der Bebenherde wie der Wellenwege zur Station bei einer gemeinsamen Analyse von Beben aus allen Azimuten und verschiedenen Herdentfernungen als regellos, dann müßte der konstante Einfluß eines deutlich anomalen Stationsuntergrundes gerade *bei Verwendung berechneter Residuen am klarsten hervortreten.* Dies um so mehr, als die erstgenannten Laufzeitanomalien nach Punkt 2 in den berechneten Residuen nicht oder nur abgeschwächt enthalten sind. Bedingung ist, daß nur Wellen von Beben mit ausreichend großer Herdentfernung untersucht werden. Für zu große Inzidenzwinkel können außer dem weitgehend azimut- und entfernungsunabhängigen Einfluß des Stationsuntergrundes auch laterale Krusteninhomogenitäten in der weiteren Stationsumgebung eine Rolle spielen. Der Mittelwert der summarischen δt_P-Häufigkeitsverteilung für die Station Moxa beträgt $\overline{\delta t_P} = 0$ s, unabhängig vom Datenzentrum, auf dessen Berechnungsergebnisse die Auswertungen bezogen wurden.

4. Signifikante Abweichungen der Mittelwerte anhand berechneter Herddaten gewonnener δt-Häufigkeitsverteilungen anderer Wellentypen von Null gestatten ebenfalls keine Schlüsse auf die exakten mittleren Laufzeitabweichungen dieser Wellen von den Laufzeiten des Modells. Ein Vergleich mit dem Mittelwert der δt-Verteilung von P-Wellen offenbart aber zusätzliche oder andersartige Laufzeitbeeinflussungen dieser Wellen bezüglich P. Das vereinfacht unter Umständen die Deutung der Ursachen dieser Abweichungen. Sie können (mit umgekehrtem Vorzeichen) als mittlere Korrekturfaktoren für die theoretischen Laufzeitdifferenztabellen der entsprechenden

Wellentypen verwendet werden (z. B. *PP–P*, *S–P*, *SS–P*). Die Genauigkeit der Bestimmung von Epizentralentfernungen anhand der seismischen Aufzeichnungen einer Einzelstation kann dadurch oft erheblich verbessert werden.

5. Unterschiede der Streuungen der Häufigkeitsverteilungen können u. a. durch mittlere Unterschiede in der Schärfe der Einsätze, ihrer Perioden und Amplituden bedingt sein. Feinaufspaltungen der Laufzeitäste, die von den theoretischen Laufzeitkurven nicht erfaßt sind, deren Einsätze aber fälschlicherweise diesen zugeordnet werden, sind oft die Ursache für sehr große Streubreiten der Häufigkeitsverteilungen wie für das Auftreten von Nebenmaxima (z. B. in [6]). Der Aufzeichnungscharakter, der auch von den Frequenzcharakteristiken der Seismographen, dem Registriervorschub, dem Störpegel und den Untergrundverhältnissen beeinflußt wird, bestimmt wesentlich die Auswertegenauigkeit. Die Größe der Streuung der Häufigkeitsverteilungen ist aber nicht allein ein Maß für die Auswertegenauigkeit der Station(en). Sie wird auch von der mittleren „Rechengenauigkeit" der Datenzentren diktiert (s. Abb. 1). Diese „äußere", nicht vom Programm abhängige Rechengenauigkeit wiederum wird beeinflußt durch die Anzahl und Verteilung der Stationen, deren Meldungen bei den Herdberechnungen berücksichtigt werden (siehe Punkt 2).

Zu 4. Eine Untersuchung der Verteilungen der Laufzeit-Residuen für *PP*-Wellenaufzeichnungen an der Station Moxa unter Zugrundelegung der Herdberechnungen des USCGS ergab für Reflexionen unter Ozeanen und tiefen Meeren eine im Mittel um 3,8 s zu frühe Einsatzzeit (Abb. 4). Der mittlere Laufzeitfehler für *PP*-Wellen, die unter Festlands- und Schelfgebieten reflektiert wurden, beträgt dagegen $\delta t_{PP} = -1{,}0$ s (Abb. 3). Der signifikante Laufzeitunterschied wird verständlich, wenn man berücksichtigt, daß die Größe der reflektierten *P*-Wellenenergie vom Verhältnis der Schallhärten abhängt. Dieses

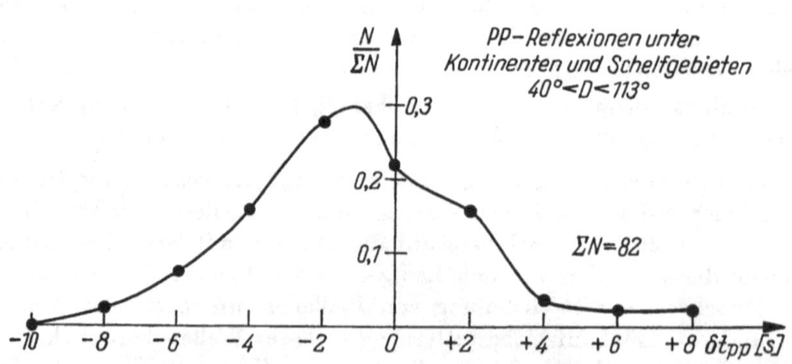

Abb. 3. Relative Häufigkeitsverteilung der Laufzeitresiduen für *PP*-Wellen von Beben mit Herddistanzen $40° < D < 113°$. Die Reflexionen erfolgten unter Festland- und Schelfgebieten

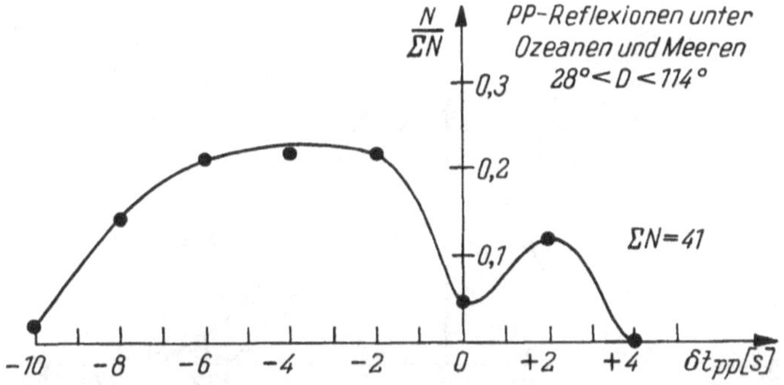

Abb. 4. Relative Häufigkeitsverteilung der δt_{PP} von Beben mit Herddistanzen $28° < D < 114°$. Die Reflexionen erfolgten unter Ozeanen und tiefen Meeren

Verhältnis ist beim Übergang von einer mittleren ozeanischen Kruste zum Ozeanboden bereits beträchtlich (nach [7] ca. 3,5). Positive Laufzeitresiduen für PP-Reflexionen unter Ozeanen wurden bei der vorliegenden Stichprobe nur für das Reflexionsgebiet des Mittelatlantischen (4 Werte) und des Lomonossow-Rückens erhalten. Die wegen einer geringeren Wassertiefe kleinere Reflexionsverfrühung scheint durch eine Laufzeitverzögerung in diesen Gebieten überkompensiert zu sein. Für den Bereich des Mittelatlantischen Rückens sind ein abnormal hoher Wärmefluß und verminderte seismische Wellengeschwindigkeiten seit langem bekannt. Eine ähnliche Ursache scheint auch für den Lomonossow-Rücken möglich zu sein.

Unter den kontinentalen Reflexionsgebieten fällt ebenfalls eines deutlich heraus: PP-Wellen von Japanbeben, die im Jenissei-Gebiet reflektiert werden, zeigten in den 16 untersuchten Fällen nur ein positives Residuum ($\delta t_{PP} = +0{,}8$ s). Der Mittelwert betrug $\overline{\delta t}_{PP} = -2{,}7$ s, für alle übrigen kontinentalen PP-Reflexionen dagegen $\overline{\delta t}_{PP} = 0$ s. Es erscheint möglich, daß eine erhöhte P-Wellen-Geschwindigkeit der zentralsibirischen Kontinentaltafel die Ursache für die verfrühten PP-Einsätze sein könnte.

Für SS-Reflexionen unter Ozeanen und Kontinenten ergab sich kein signifikanter Unterschied der mittleren Laufzeitresiduen (Abb. 5 und 6). Da der low-velocity Kanal am deutlichsten für Scherwellen und unter Ozeanen stärker als unter Kontinenten ausgeprägt ist, erscheint es möglich, daß infolge seines Einflusses die durch die Totalreflexion der Scherwellenenergie am Ozeanboden bedingte Laufzeitverkürzung im Mittel kompensiert wird. Signifikante Unterschiede scheinen aber zwischen den Residuenverteilungen der SS-Reflexionen im Gebiet des nördlichen Polar- meeres wie des Golfs von Guinea einerseits und den SS-Reflexionen aus allen übrigen ozeanischen Reflexionsgebieten andererseits zu bestehen. Fürdie beiden ersten Gebiete ergibt sich ein Mittelwert $\overline{\delta t}_{SS} = +\,9{,}6$ s ($\Sigma N = 31$), für alle übrigen dagegen $\overline{\delta t}_{SS} = +\,0{,}6$ s ($\Sigma N = 44$).

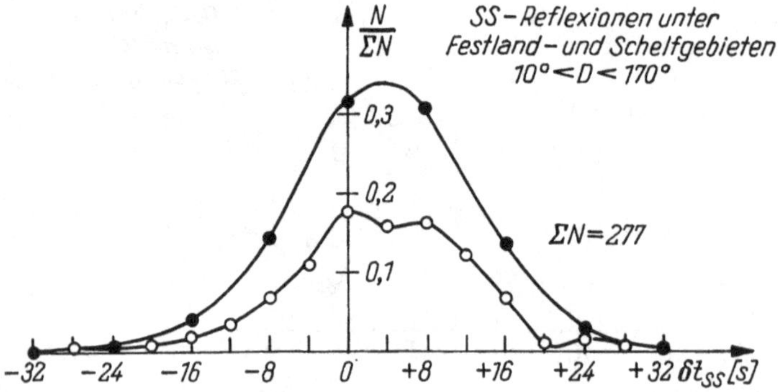

Abb. 5. Relative Häufigkeitsverteilung der Laufzeitresiduen für SS-Wellen von Beben mit Herddistanzen $10° < D < 170°$. Die Reflexionen erfolgten unter Festland- und Schelfgebieten

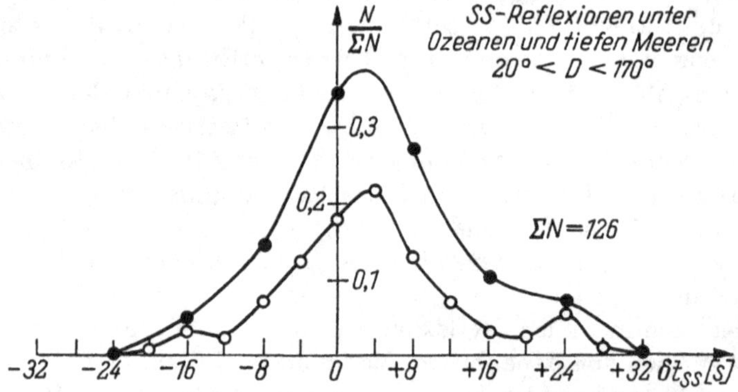

Abb. 6. Relative Häufigkeitsverteilung der δt_{SS} von Beben mit Herddistanzen $20° < D < 170°$. Die Reflexionen erfolgten unter Ozeanen und tiefen Meeren

Untersuchungen der relativen Häufigkeiten von PP- und SS-Wellenbeobachtungen an der Station Moxa ergaben, daß PP-Wellen, die in ozeanischen Gebieten reflektiert wurden, in 30,6% aller Aufzeichnungen von Beben mit Magnituden $m_B \geqq 5{,}5$ (Magnitudenangaben aus den „Earthquake Data Reports" des USCGS), solche, die in kontinentalen Gebieten reflektiert wurden, aber in 80% der entsprechenden Aufzeichnungen ausgewertet werden konnten. Diese Differenz ist signifikant mit einer Irrtumswahrscheinlichkeit $\alpha < 1\%$. Für SS-Wellen, die bei ozeanischen Reflexionen in 30,6%, bei kontinentalen Reflexionen bei 38,2% aller ausgewerteten Beben mit $m_B \geqq 5{,}5$ auswertbar waren, besteht dagegen kein entsprechender Unterschied ($\alpha > 10\%$). Auffällig ist die Parallelität der Laufzeit- und der Häufigkeitsunterschiede für PP- und SS-Wellen. Die Ursachen werden in einer späteren Arbeit untersucht.

Literatur

[1] Bormann, P., Untersuchung der Laufzeitresiduen von P-Wellen an der Station Moxa. Veröff. d. Inst. f. Geodynamik Jena, Reihe A, H. 13 (im Druck).

[2] Bormann, P., A study of relative frequency distribution of travel-time residuals from P-wave observations at the station Moxa. Veröff. d. Inst. f. Geodynamik Jena, Reihe B, Seismological Bulletin Station Moxa 1966 (wird veröffentlicht).

[3] Carder, D. S., Gordon, D. W. and Jordan, J. N., Analysis of surface-foci travel-times. Bull. Seism. Soc. Am., **56** (1966) 4, S. 815–840.

[4] Fedotov, S. A. and Slavina, L. B., Ocenka skorostej prodol'nych voln v verchnej mantii pod severo-zapadnoj čast'ju Tichogo Okeana i Kamtčatkoj. Fiziki Zemli, (1968) 2, S. 8–31.

[5] Herrin, E. and Taggert, I., Regional variations in P_n-velocity and their effects on location of epicenters. Bull. Seism. Soc. Am. **52** (1962) 5, S. 1057–1074.

[6] Morelli, C., Bellemo, S., de Visintini, G., Non directional travel-time anomalies for european stations. Bulletino di geof. Teorica ed Applicata., **10** (1968) 38, S. 164–180.

[7] Raitt, R. W., The crustal rocks, in "The Sea", M. N. Hill, Interscience Publishers, (1963), S.85–102.

Das Netz standardisierter seismologischer Stationen in der DDR

G. GENSCHEL, H. NEUNHÖFER, CH. TEUPSER[1])

Zusammenfassung der Arbeiten

GENSCHEL, G.
Periodenspektren eines mikroseismischen Sturmes
Veröffentlichungen des Instituts für Geodynamik, Reihe A, Band 13

GENSCHEL, G. und CH. TEUPSER
Das Netz standardisierter seismologischer Stationen in der DDR
Veröffentlichungen des Instituts für Geodynamik, Reihe A, Band 13

TEUPSER, CH.
Die Identifikation der Phasencharakteristiken von Seismographen in einem Stationsnetz

Veröffentlichungen des Instituts für Geodynamik, Reihe A, Band 13

Zur seismologischen Untersuchung des tieferen Untergrundes wird in der DDR ein Netz standardisierter Stationen errichtet, das durch den Mitteldeutschen Hauptabbruch in ein nördliches (Potsdam, Oderberg, Pritzwalk, Arkona) und in ein südliches Teilnetz (Moxa, Berggießhübel, Collm, Halle) getrennt wird (Abb. 1).

Alle Stationen können in drei Komponenten mit Seismographen vom Typ SSJ-1 ausgerüstet werden, die dem Typ B gemäß den Empfehlungen der Arbeitsgruppe zur Abstimmung der Charakteristiken standardisierter Geräte für die Länder der Euro-Asiatischen-Region entsprechen. Die Vergrößerung, die im Bereich von 0,1 bis 20 s nahezu konstant ist, beträgt zur Zeit im nördlichen Teilnetz $V = 300$ und im südlichen $V = 1000$. Die Eigenperiode $T_{s,g}$ und die Dämpfung $D_{s,g}$ von Seismometer bzw. Galvanometer betragen $T_s = 20$ s und $D_s = 0{,}5$, $T_g = 1{,}2$ s und $D_g = 8{,}3$. Diese Werte müssen genau genug eingehalten werden, um eine hinreichende Übereinstimmung aller Seismographen in den Phasen- und Amplitudencharakteristiken zu gewährleisten.

Die wesentliche Aufgabe ist die Messung der Phasengeschwindigkeit von Oberflächenwellen verschiedener Perioden. Dazu werden geeignete Teile des Seismogramms digitalisiert und einer FOURIER-Analyse unterworfen, um daraus die Phasen- und Amplitudenspektren der Oberflächenwellen an den verschiedenen Stationen zu erhalten. Die Phasengeschwindigkeit für eine seismische

---

[1]) Institut für Geodynamik der Deutschen Akademie der Wissenschaften zu Berlin, Jena.

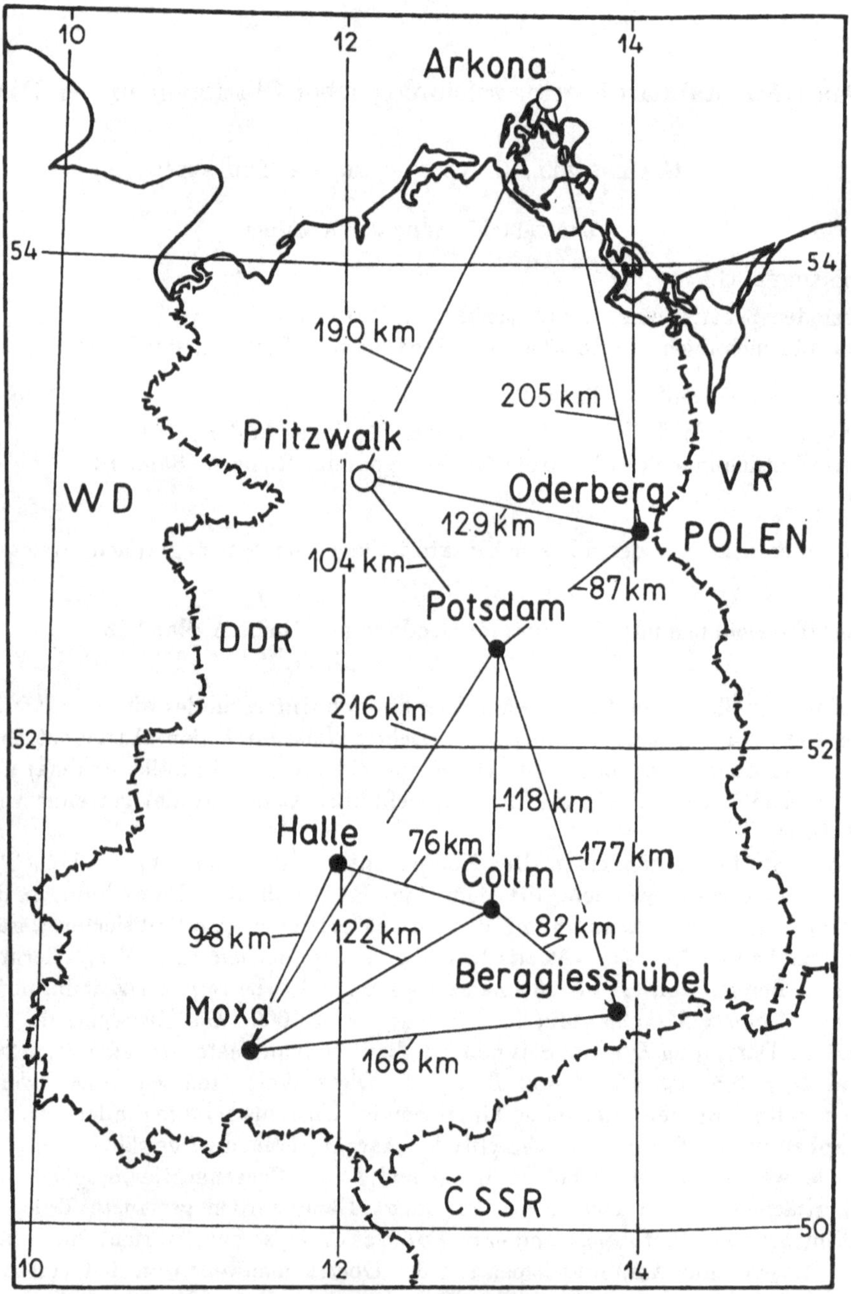

Abb. 1. Geographische Lage der Stationen im Stationsnetz.
Volle Kreise: Stationen arbeiten bereits.
Leere Kreise: Stationen werden aufgebaut

Welle bestimmter Periode folgt aus der Phasendifferenz, die für diese Welle an zwei Stationen beobachtet wird. Für diese Differenzenmethode ist zu untersuchen, welche Forderungen an die Meßgenauigkeit bei den Registrierungen zu stellen sind. Es wird davon ausgegangen, daß sich im Periodenbereich von etwa 10 bis 50 s die Phasengeschwindigkeit um wenigstens 0,5 km/s ändert. Fehler bei der Bestimmung der Phasengeschwindigkeit sollen dann vernachlässigt werden, wenn die Meßgenauigkeit mindestens 1% des Schwankungsbereiches des Meßwertes, d. h. mindestens 0,005 km/s, beträgt. Es treten eine Reihe von Fehlerquellen auf, von denen man einige nicht oder nur ungenügend, andere hingegen gut beeinflussen kann. Die beeinflußbaren Fehlerquellen sollen durch die Erfüllung folgender Forderungen unwirksam gemacht werden:

1. Bestimmung der Stationsabstände auf 135 m genau.
2. Sicherung einer Zeitgenauigkeit von 1/30 s.
3. Filmgeschwindigkeit von mindestens 180 mm/min.

Diese Forderungen können prinzipiell erfüllt werden. Werden die genannten Forderungen nicht vollständig erfüllt, dann treten größere Fehler auf. In solchen Fällen sollen aber nur Meßwerte verwendet werden, für die eine Genauigkeit von mindestens 0,05 km/s, also 10% des Schwankungsbereiches des Meßwertes gesichert ist. Eine weitere Aufgabe des Stationsnetzes ist die Aufstellung mikroseismischer Perioden- und Amplitudenspektren, die sowohl zur Charakterisierung des Untergrundes als auch der Mikroseismik selbst herangezogen werden können. Vorerst wird dazu noch der traditionelle Film verwendet, dem während einer Stunde alle aufeinanderfolgenden und noch visuell erkennbaren Perioden und Amplituden entnommen werden. Sie werden in Merkmalsklassen eingeteilt, deren Breite 0,8 s für die Perioden und 1,0 µm für die Amplituden ist. Die Anzahl der Elemente in jeder Klasse wird jeweils der Klassenmitte zugeordnet. Die so gewonnene Häufigkeitsverteilung nennen wir Perioden- und Amplitudenspektrum (PMS, AMS). Neben diesen geben wir auch mittlere Spektren ($\overline{\text{PMS}}$, $\overline{\text{AMS}}$) an, die durch Mittelbildung aus den Komponenten N, E und Z entstanden sind und mit denen wir Vergleiche zwischen den einzelnen Stationen durchführen. Im folgenden werden zwei Resultate für jeweils einen speziellen mikroseismischen Sturm mitgeteilt:

1. Die mittleren Perioden- und Amplitudenspektren der südlichen Stationen Moxa, Berggießhübel und Collm, die alle auf dem Varistischen Grundgebirge liegen, stimmen gut überein. Alle Korrelationen sind statistisch signifikant (Abb. 2).
   An Stationen, die auf dem Varistischen Grundgebirge liegen, tritt also die Mikroseismik etwa in gleichem Maße störend aus.

2. Es bestehen statistisch signifikante Korrelationen zwischen den mittleren Periodenspektren der Stationen Moxa und Oderberg (liegt im Bereich der Norddeutsch-Polnischen Senke) und nichtsignifikante zwischen den mitt-

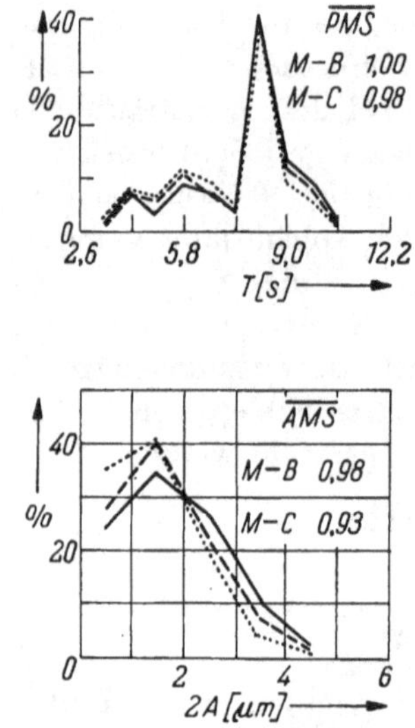

Abb. 2. Relative Häufigkeit im mittleren Perioden- und Amplitudenspektrum ($\overline{\text{PMS}}$, $\overline{\text{AMS}}$).
15. November 1966. Registrierdauer 20.01–21.01 GMT.

M Moxa ———
B Berggießhübel – – – –
C Collm . . . .

Klassenmitten: $\overline{\text{PMS}}$ 2,6 3,4 4,2 5,0 ... s
$\overline{\text{AMS}}$ 0,5 1,5 2,5 3,5 ... µm
Korrelationskoeffizienten: $M-B$, $M-C$

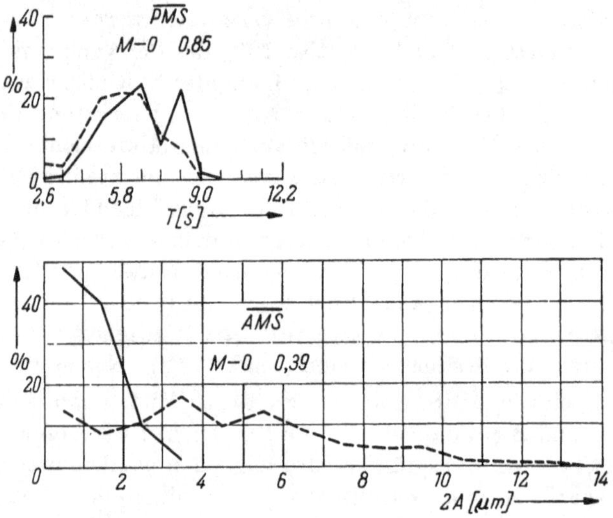

Abb. 3. Relative Häufigkeit im mittleren Perioden- und Amplitudenspektrum ($\overline{\text{PMS}}$, $\overline{\text{AMS}}$).
5. Dezember 1967. Registrierdauer 00.1–01.01 GMT.

M Moxa ———
O Oderberg – – – –

Klassenmitten und Korrelationskoeffizienten wie in Abb. 2

leren Amplitudenspektren (Abb. 3). Dieses Resultat zeigt die relative Beständigkeit der mikroseismischen Perioden. Im Gegensatz dazu werden die Amplituden durch die Geologie zwischen den Stationen wesentlich mehr beeinflußt.

Кинематические особенности первых вступлений сейсмических волн

Н. В. Кондорская[1])

Abstract

First arrival times of seismic waves to stationar stations of the U.S.S.R. have been considered relatively to the average travel times by JEFFREYS-BULLEN, i. e. so-called residuals of the times.

The study methods consisted of an analysis of distribution density of these residuals and calculation of parameters α, h, μ.

Possibility of use of the results for estimation of epicentral coordinates determination accuracy is shown. Results of study of station corrections to JEFFREYS-BULLEN times are given.

For small epicentral distances ($0 < \Delta$ km < 600) data for different epicentral zones of the U.S.S.R. by observations of earthquakes and explosions as well as average travel times for all the zones of the U.S.S.R. used in the Soviet seismic service for defining epicentral coordinates are given.

It is shown that there exists some difference between travel times obtained by observations of explosions and those of earthquakes.

For mean epicentral distance ranges ($600 < \Delta$ km < 2500) results of calculations of the station residuals are given by observations of earthquakes in Central Asia.

It has been revealed that first arrival times of observed seismic waves are systematically early with respect to JEFFREYS-BULLEN travel times for deep shocks ($h \geqq 100$ km) at epicentral distances 600—2200 km and for surface shocks at epicentral distances 900—2200 km.

For epicentral distances more than 2500 km results of calculations of residuals are given by observations of Alaska's earthquakes.

Spectral characteristics of first arrivals are marked to have some peculiarities at epicentral distances 18°, 30°, and 52°.

Резюме

Рассматриваются времена первых вступлений сейсмических волн для стационарных станций СССР по отношению к осредненному годографу Джеффриса-Буллена, т. н. невязки.

Методика изучения заключается в анализе плотности распределения этих невязок и расчете параметров α, h, μ.

---

[1]) Институт физики Земли АН СССР, Москва.

Указано на возможность использования результатов для оценки точности определения координат эпицентров. Приводятся результаты изучения станционных поправок к годографу Джеффриса-Буллена.

Для малых эпицентральных расстояний ($0 < \Delta$ км < 600) приводятся данные для различных зон СССР по наблюдениям над землетрясениями и взрывами и осредненный годограф для всех зон СССР, применяющийся в сейсмической службе СССР при определении координат очагов.

Указывается на некоторое различие между годографами по наблюдениям над взрывами и землетрясениями.

Для средних интервалов эпицентральных расстояний ($600 < \Delta$ км < 2500) приводятся результаты расчетов станционных невязок по наблюдениям над землетрясениями Средней Азии.

Обнаружено систематическое опережение наблюдаемых времен первых вступлений сейсмических волн по отношению к годографу Джеффриса-Буллена на эпицентральных расстояниях 600 до 2200 км для глубоких землетрясений ($h \geq 100$ км) и на эпицентральных расстояниях 900—2200 км для поверхностных землетрясений.

Для эпицентральных расстояний, больших 2500 км, приводятся результаты расчетов станционных невязок по наблюдениям над землетрясениями Аляски.

Отмечаются особенности спектральных характеристик первых вступлений на эпицентральных расстояниях 18°, 30°, 52°.

1. Методика

Времена первых вступлений сейсмических волн при землетрясениях являются одним из основных видов сейсмических наблюдений, которые используются при решении проблем сейсмичности и сейсмического районирования, строения земной коры и верхней мантии и других вопросов сейсмологии.

Единственным источником получения данных о временах вступлений сейсмических волн являются инструментальные наблюдения. Поэтому количество и объем этих данных существенно зависит от состояния сети сейсмических станций.

Точность данных о временах первых вступлений сейсмических волн может характеризоваться статистическим распределением невязок отклонений отдельных наблюденных значений времен пробега от стандартных таблиц Джеффриса-Буллена.

Невязки времен пробега первых вступлений являются служебными величинами, определяются выражением:

$f_i = t^* - t' \qquad (i = 1, \ldots N),$ где N — количество станций где t^* — наблюденные времена пробега первых вступлений,

t' — времена пробега, рассчитанные на основании годографа Джеффриса-Буллена

Обозначим плотность распределения f_i через $P(f_i)$, среднее значение невязки и ее среднее квадратичное уклонение через α и σ.

Для каждой станции или группы станций и эпицентрального района оценивается распределение $P(f_i)$ и соответственно параметры этого распределения.

Как было показано Джеффрисом [17], плотность распределения невязок $P(f_i)$ не подчиняется нормальному закону распределения, а состоит из двух компонент — одна приблизительно нормальная и другая постоянной плотности.

$$P(f_i) = \frac{(1-m)\,h}{\sqrt{\pi}} \exp\left[-h^2(\xi-\alpha)^2 + m\,g\,(\xi-\beta)\right], \qquad h^2 = \frac{1}{2\,\sigma^2}. \tag{1}$$

Вводя вечичину

$$\omega_i' = 1 + \mu \exp\left[h^2(\xi_i-\alpha)^2\right] \tag{2}$$

можно получить нормально распределенные взвешенные невязки.

Методика изучения невязок заключается в расчете распределения $P(f_i)$ и проверки его на гипотезу нормального распределения.

При этом используется критерий согласия Пирсона (χ^2).

Если распределение отлично от нормального, то определяются три параметра распределения $P(f_i)$ в соответствии с формулой (1), а именно; α, h^2 и μ, где $h^2 = \frac{1}{2\,\sigma^2}$.

Для системы станций статистические значения величин α могут дать представление о возможности в среднем использовать годограф Джеффриса-Буллена при определении координат очагов. Статистические значения величин σ и μ могут дать представление о средней точности времен первых вступлений по наблюдениям этой системы.

Для каждой станции статистические значения величины α могут дать представление о постоянной станционной поправке к годографу Джеффриса-Биллена, которая может быть связана с особенностями распространения сейсмической волны по пути очаг-станция, статистические значения величин σ и μ могут дать представление о станционной точности.

Вместе с величиной μ-частотой, с которой данная станция может делать большие ошибки, они могут дать представление о станционной надежности по регистрации землетрясений определенного района.

2. Результаты изучения $P(f_i)$ для системы станций и отдельных станций. Их использование для оценки точности определения координат эпицентров

Невязки для системы стационарных станций СССР строились на основании статистической обработки землетрясений мира (4).

При этом оказалось, что распределения $P(f_i)$ для рассматриваемой системы станций для различных районов мало отличаются между собой.

В результате была найдена осредненная функция распределения для системы стационарных станций СССР.

Проверка кривой по критерию согласия Пирсона указала на то, что распределения отличаются от нормальных; аналогично кривой распределения невязок по Джеффрису полученные распределения состоят из двух компонент — нормально распределенная и постоянная составляющая, указывающая на то, насколько часто большие невязки встречаются по сравнению с теми, которые наблюдаются вблизи моды.

Соответствующая весовая функция приведена на фиг. 1(*3*), где для сопоставления также приведены весовые функции невязок в соответствии с Джеффрисом [17], Арнольдом [14], Кардером [16].

Приведенные на фиг. 1 кривые весовых функций невязок построены в основном по данным наблюдений сравнительно удаленных от очага станций. Как видно, все они имеют моду, расположенную вблизи нуля, и различаются лишь по параметрам (h^2 и μ). Из фиг. 1

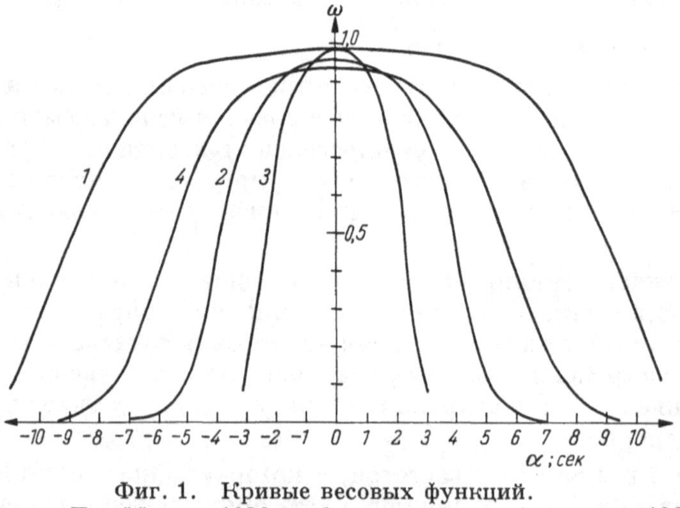

Фиг. 1. Кривые весовых функций.
1 — по данным Джеффриса (1936г.), *2* — по данным Арнольда (1966г.), *3* — по данным Кондорской и др. (1967 г.), *4* — по данным Кардера (1966 г.)

также видно, что в последние годы заметно увеличивается резкость весовой функции распределения.

Кривые распределения 1(3) используются нами при количественной оценке точности определения координат эпицентров по методике, описанной в [7], где рассматривается возможность применения решения для линеаризованной задачи с учетом распределения невязок времен первых вступлений, отличного от гауссовского.

Расчет доверительных эллипсов ошибок координат эпицентров на основании использования данных времен первых вступлений станций, расположенных в определенных азимутах на эпицентральных расстояниях, указывает на то, что ориентация и отношения осей доверительного эллипса ошибок для широты и долготы эпицентра зависят главным образом от распределения станций по азимуту и эпицентральному расстоянию.

Размер доверительной области ошибок зависит от:

а) количества сейсмических станций;

б) доверительного уровня;

в) кривой распределения невязок времен первых вступлений.

Размер доверительного эллипса ошибок уменьшается при увеличении количества станций или при использовании системы станций (при условии достаточно хорошего окружения ими эпицентра) с более резкой кривой распределения невязок (σ^2 меньше, чем для осредненной кривой распределения, построенной по наблюдениям всех сейсмических станций).

Однако экспериментальный анализ кривых распределения невязок отдельных станций указывает на их чрезвычайное многообразие.

Важной задачей является отбор станций, имеющих большую надежность времен первых вступлений при регистрации землетрясений определенных районов.

Использование данных времен первых вступлений для этих станций позволяет получить наиболее точные результаты при определении координат эпицентра. Для этого необходимо дальнейшее изучение индивидуальных станционных невязок в зависимости от района очаговых зон.

3. Результаты изучения станционных поправок к годографу Джеффриса-Буллена[1])

Интервал эпицентральных расстояний $0 < \Delta \leq 600$ км.

Времена пробега P волн в этом интервале детально изучены на основании результатов глубинного сейсмического зондирования и

[1]) Часть материалов этого раздела докладывалась на симпозиуме „Travel times“ в Цюрихе (1967 г.) в докладе N. V. Kondorskaya „The Analysis of *P* wave of USSR stations in relation to Jeffreys and Bullen tables.“

регистрации сейсмических волн от мощных промышленных взрывов, а также на основании прецезионных региональных исследований на базе наблюдений как стационарных, так и экспедиционных сейсмических станций.

Невязки времен первых вступлений по отношению к годографу Джеффриса-Буллена для различных районов по данным ГСЗ и мощных промышленных взрывов [1, 8, 13] показаны на фиг. 2.[1])

По характеру отклонений годографы можно разделить на 2 основные группы.

1. Континентальные (*1*, *2*, *3* фиг. 2).

Это — щиты, платформы, Казахстан, Туркмения.

2. Горные области и глубокие прогибы (*5*, *6*, *7* фиг. 3).

Особое место занимает прикаспийская впадина (9 фиг. 2). Ее особенное положение в группе годографов может быть объяснено наличием толстого слоя рыхлых осадков.

Как видно на фиг. 2, характер согласования этих годографов с годографом Джеффриса-Буллена различен для различных зон и на различных эпицентральных расстояниях.

Имеют место следующие общие закономерности для различных зон:

1. На интервале расстояний 0—100 км — невязки отрицательны, свыше 120—140 км они, как правило, положительны.

Наибольшие положительные величины невязок характерны для горных областей, в частности для памиро-алтайской зоны с наибольшим значением толщины земной коры.

Первая группа континентальных годографов хорошо аппроксимируется среднестатистическим годографом, построенным на основании сводки, приведенной в работе [20] для среднестатистического разреза коры континентов. С этим же годографом совпадает также сглаженный годограф, построенный для поверхностного источника Ю. Херриным [18].

На основании всех имеющихся сведений о годографах по данным ГСЗ и мощных промышленных взрывов на территории СССР нами построен осредненный годограф, наилучшим образом согласующий наблюдения различных зон нашей страны и применяющийся в сейсмической службе СССР при определении координат очагов. Он приведен на фиг. 2(*8*).

Невязки наблюденных времен первых вступлений по отношению к годографу Джеффриса-Буллена по данным исследований близких землетрясений [2, 9, 12] приведены на фиг. 3. Они оказываются несколько большими по сравнению с аналогичными отклонениями по данным взрывов и ГСЗ.

---

[1]) Величина рассматривалась при сопоставлении с годографом Джеффриса-Буллена для волн *P*.

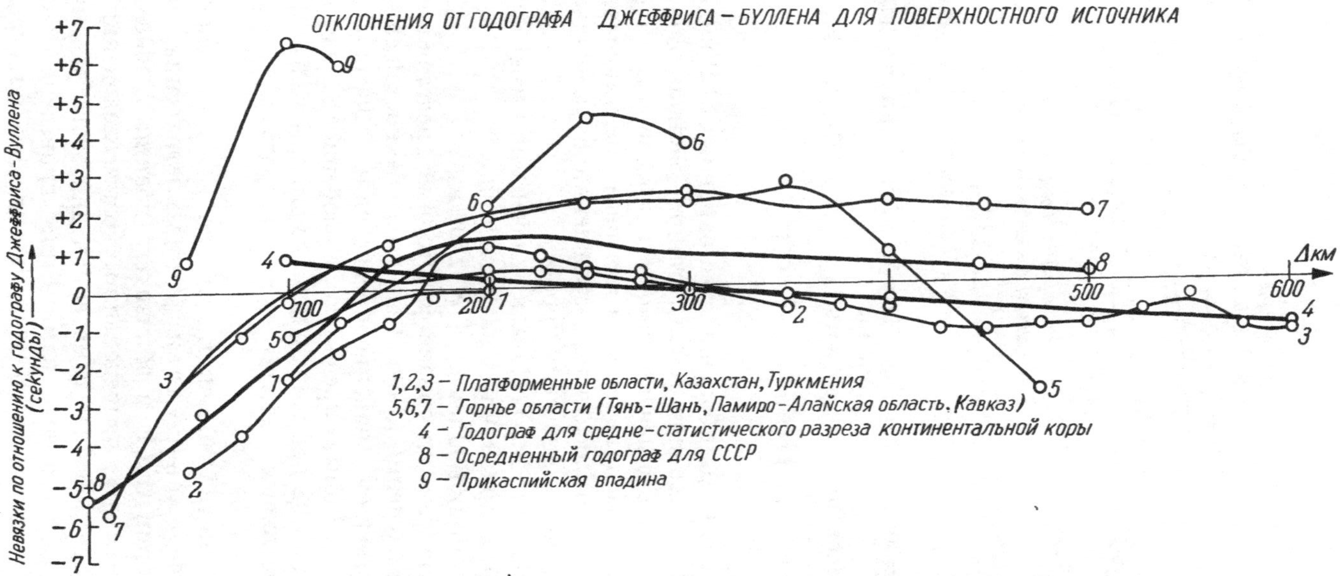

Фиг. 2. Отклонения от годографа Джеффриса-Буллена для взрывов.

1, 2, 3 — Платформенные области Казахстан и Туркмения } по данным [1, 8, 13]
5, 6, 7 — Горные области (Тянь-Шань, Памиро-Алайская область, Кавказ) }
8 — Прикаспийская впадина
4 — Среднестатистический разрез континентальной коры [20]
5 — осредненный годограф для СССР

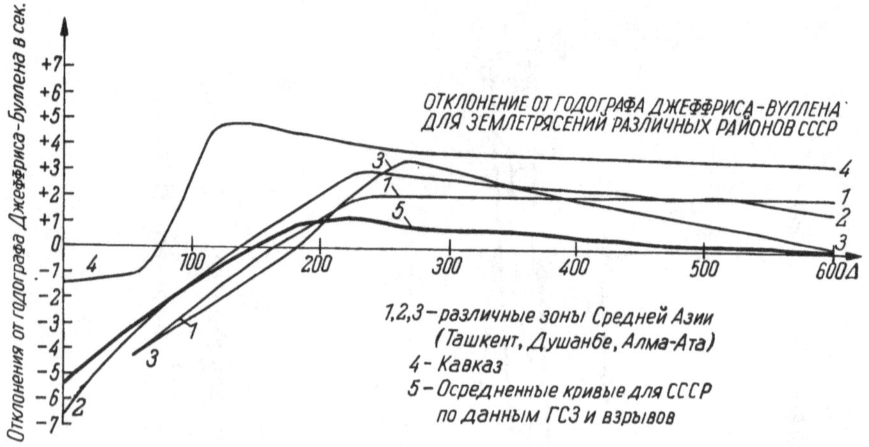

Фиг. 3. Отклонения от годографа Джеффриса-Буллена для землетрясений.

1, *2*, *3* — Среднеазиатская область [2, 12, 10]
4 — Кавказ [9]
5 — осредненный годограф для СССР

Скорость прямой волны для большинства районов СССР в среднем равна 6 км/сек. При большом числе станций вблизи эпицентра можно заметить некоторое изменение скорости прямой волны с удалением от источника. Искривление годографа увеличивается в районах с мощным чехлом осадочных отложений и уменьшается в районах с выходом кристаллических пород.

В работе Ризниченко и др. [11] была отмечена несимметричность локальных годографов в различных направлениях.

б) Интервал расстояний 600 км $< \Delta <$ 2500 км.

Времена пробега на этом интервале расстояний представляют интерес с точки зрения изучения „Зоны Тени“ и особенностей слоев под Мохо. Здесь существенное значение представляет тщательная интерпретация записей, которые определяются особенностями строения как земной коры, так и верхней мантии между источником и станцией, а также характеристиками сейсмической аппаратуры и уровнем помех.

Изучение волны P на сейсмических станциях СССР по отношению к годографу Джеффриса-Буллена от землетрясений, происходящих на территории СССР и вблизи его границ удобнее всего вести на базе региональных исследований. Эти исследования шире всего поставлены в Средней Азии и материал для этого района наиболее представителен. Поэтому нами было проведено изучение станционных величин невязок на основании сильных землетрясений Средней Азии за 1956—1966 годы, для которых были достаточно

точно определены координаты очагов в основном при использовании наблюдений сейсмических станций, расположенных в окрестности эпицентральной зоны. Ошибка определения координат очагов по оценкам локальной сети станций не превосходила 5 км.

Были отобраны наиболее надежные наблюдения стационарных сейсмических станций СССР, оборудованных как широкополосной, так и высокочувствительной аппаратурой. Использованные землетрясения имели магнитуду 5 и выше. Всего было рассмотрено 46 землетрясений с очагами в районе Гиндукуша, из них 33 глубоких ($h \geqq 100$ км), остальные расположены в пределах земной коры.

Отдельно рассмотрены времена пробега для Ташкентского землетрясения 25/IУ-1966 г., положение очага которого известно с точностью 1—2 км, а время в очаге определено достаточно надежно по данным близких сейсмических станций.

Изучение времен пробега P волн осуществлялось на основании анализа волн P на отдельных стáнциях.

На фиг. 4а показана карта невязок на отдельных станциях СССР для глубоких землетрясений.

До расстояний 600 км невязки имеют положительные значения, что находится в соответствии с региональными годографами, рассмотренными выше. На расстояниях около 600 км средние величины невязок для ряда станций становятся отрицательными, т. е. наблюдаются более ранние времена вступлений волн: эти отклонения остаются отрицательными примерно до 2200 км независимо от азимутального расположения станций по отношению к эпицентру.

После 2200 км наблюдаются как положительные, так и отрицательные величины невязок, причем выделяются направления, вдоль которых невязки отрицательны (русская платформа, Восточная Сибирь) и положительны (горные области, Кавказ, Карпаты).

Карты невязок для отдельных станций СССР для поверхностных землетрясений показаны на фиг. 4 б. Появление отрицательных величин средних невязок в этом случае наблюдается на более далеких расстояниях, чем при глубоких землетрясениях, а именно на расстояниях около 10°, причем особенно отчетливо на станциях, оборудованных высокочувствительной аппаратурой (ванновская, Ельцовка). Смена знаков отклонений имеет место также на расстоянии 2200 км.

Интересна граница, проходящая между станциями Кавказа (так станция ,,Кировабад‘‘ дает отрицательные невязки, а станция ,,Тбилиси‘‘, ,,Бакуриани‘‘ и др. — положительные).

На более далеких эпицентральных расстояниях ($\Delta > 2500$ км) в этом направлении наблюдаются также, как и в предыдущем случае глубоких землетрясений, положительные значения невязок. Также, как и ранее, далекие станции ($\Delta > 2500$ км) в направлении восточной Сибири и русской платформы дают отрицательные невязки.

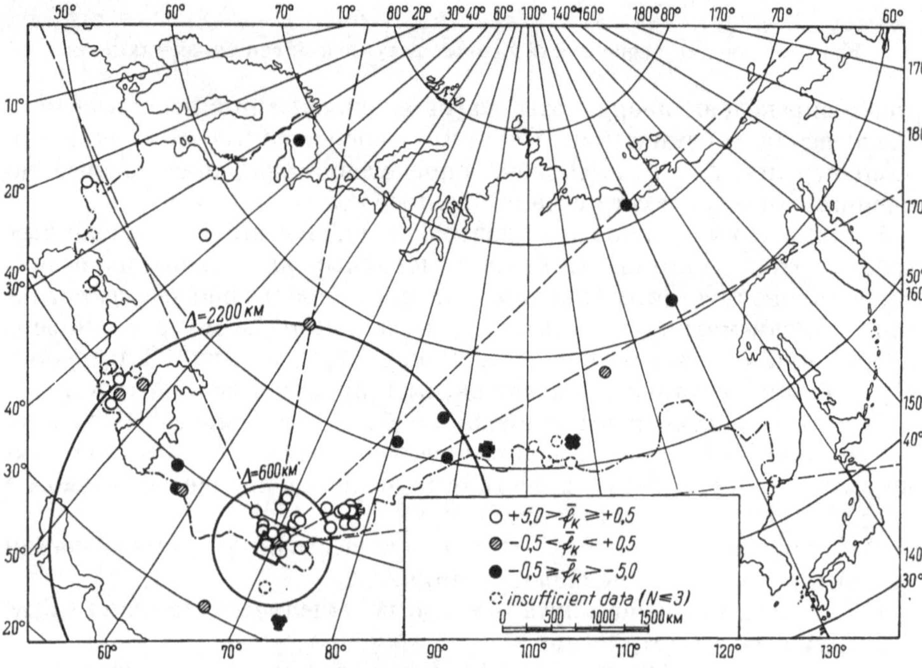

а) Для глубоких землетрясений

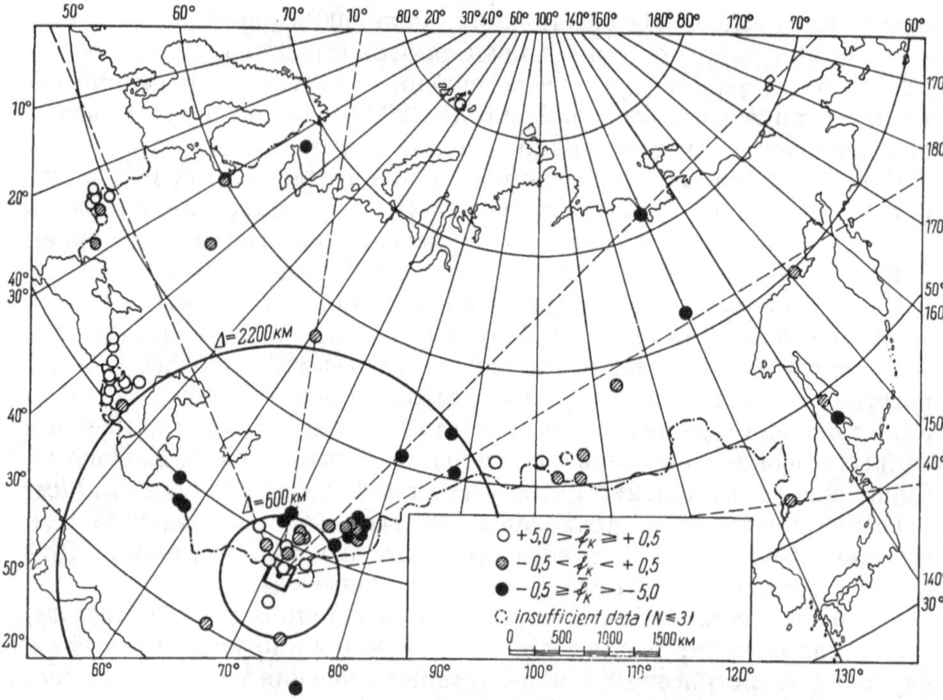

б) Для поверхностных землетрясений

Фиг. 4. Карты с невязками на станциях.

Зависимость средних величин невязок от эпицентрального расстояния для глубоких и поверхностных очагов гиндукушских землетрясений показана на фиг. 5 (а, в), где также приведена зависимость станционных невязок от эпицентрального расстояния для ташкентского землетрясения 25/IУ-1966 г. (5б), вступления времен P которого тщательно измерялись по сейсмограммам станций.

Четко наблюдается уменьшение величин невязок для 20° для глубоких и поверхностных очагов. Область отрицательных невязок для глубоких землетрясений больше, чем для поверхностных (для глубоких гиндукушских землетрясений $\delta\Delta = 600-2200$ км; для поверхностных гиндукушских землетрясений $\delta\Delta = 900-2200$ км, а для ташкентского землетрясения ($h = 8$ км) $\delta\Delta = 800-1700$ км).

Особенности выделения первых вступлений на расстояниях свыше 700 км были отмечены в работе И. Л. Нерсесова и Т. Г. Раутиан [10] по наблюдениям профиля станций, расположенных по направлению памир-река Лена, общей протяженностью 3500 км.

Опережение волн P по сравнению с годографом Джеффриса-Буллена наблюдается здесь на расстоянии около 600 км и далее

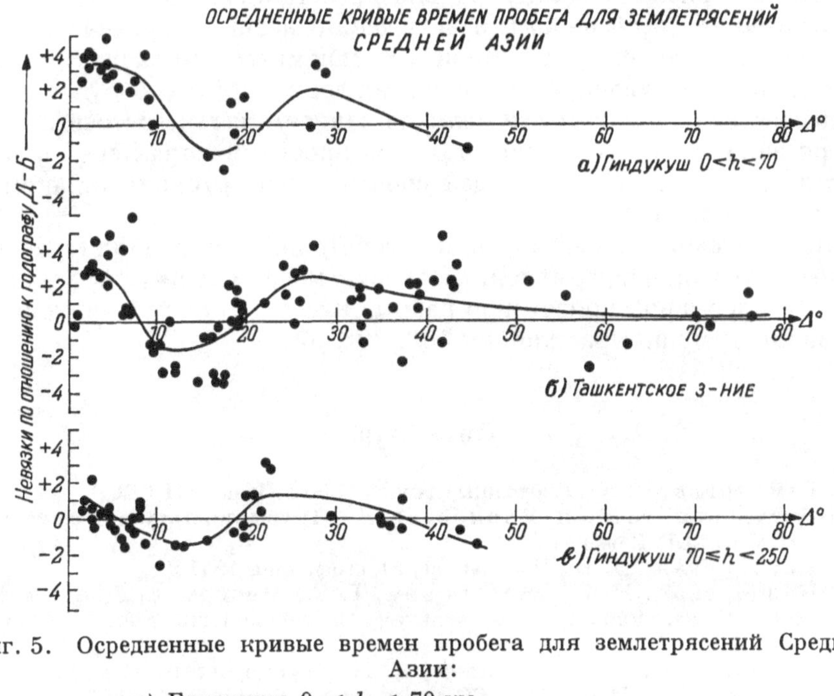

Фиг. 5. Осредненные кривые времен пробега для землетрясений Средней Азии:

а) Гиндукуш $0 < h < 70$ км,

б) Ташкентское зенлетрясение 25≤/IУ-66 г. $h = 8$ км.

в) Гиндукуш 70 км $\leq h < 250$ км

достигает 3,5 сек. Однако резкого изменения знака невязки около 20° здесь не обнаружено. Это возможно объяснить тем, что станции профиля попали в область положительных невязок (см. фиг. 4 а, б). В направлении с Запада на Восток годографы, построенные Нерсесовым и Раутиан не дают существенных отклонений от годографа Джеффриса-Буллена.

Таким образом, изучение станционных невязок для землетрясений различных районов указывает на наличие для некоторых из них систематических отклонений от годографа Джеффриса-Буллена на интервале расстояний от 600—2200 км. Интервал расстояний, на котором заметно существенное опережение волны P, зависит от рассматриваемого района и глубины очагов землетрясений.

Полученный эффект может являться результатом появления на этих расстояниях волн типа P_2 [19], которые являются преломленными волнами на глубине 200—215 км, на которой скоростной градиент резко возрастает.

в) Интервал расстояний $\Delta > 25°$.

При изучении времен первых вступлений от серии повторных толчков на Аляске 28/УIII-64 г. обнаружена тенденция к уменьшению величины невязки на эпицентральных расстояниях 30° и 50—60° [6].

Отмеченные особенности в поведении невязки времен первых вступлений интересно сопоставить с динамическими характеристиками первых вступлений сейсмических волн.

Исследование спектров P волн по записям дальневосточных землетрясений позволило отметить особенности в характере зависимости угла наклона огибающей спектральной функции от эпицентрального расстояния [5].

Эта зависимость оказалась не монотонной, а осциллирующей, скорее кусочно-непрерывной. Причем смена максимумов минимумами непрерывной кривой или разрыв кусочной кривой приходится на эпицентральные расстояния 18°, 30°, 52°.

Литература

[1] Гамбурцев, Г. А., Избранные труды 1960 г. Изд. АН СССР.
[2] Бутовская, Е. М. и Уломов, В. И., Труды института математики АН Узб. ССР 1964 г.
[3] Кондорская, Н. В., Изв. АН серия геофизика 1957 г.
[4] Кондорская, Н. В., Желанкина, Т. С., Мебель, С. С. и Вартанова, Л. Ю., Работы по вычислительной сейсмологии вып. 12, 1966 г. Изд. ,,Наука‘‘.
[5] Кондорская, Н. В., Павлова, Л. Н., Пустовитенко, А. Н. и Соловьев, С. Л., Изв. АН СССР серия физика Земли № 1, 1967 г.
[6] Кондорская, Н. В. и Славина, Л. Б., Изв. АН серия физика Земли 1968 г. (в печати).

[7] Кондорская, Н. В., Мебель, С. С. и Ашиткова, Т. М., Вычислительная сейсмология 1968 г. (в печати).
[8] Косминская, И. П., Михота, Г. Г. и Тулина, Ю. В., Изв. АН СССР. сер. геофиз. № 10, 1958 г.
[9] Левицкая, А. Я. и Лебедева, Т. М., Изд. АН Груз. ССР, Тбилиси 1952 г.
[10] Нерсесов, И. Л. и Раутиан, Т. Г., Труды института физики Земли АН СССР № 32 (193), 1964 г.
[11] Ризниченко, Ю. В. (ред.), Труды института физики Земли АН СССР № 9 (176), 1960 г.
[12] Розова, Е. А., Труды сейсмологического института АН СССР, № 72, 1936 г.
[13] Твалтвадзе, Г. К., Косминская, И. П., Мурусидзе, Т. Я., Михота, Г. Г., Иоселиани, М. С. и Тулина, Ю. В., Труды института геофисики АН Груз. ССР Т. XУI, 1957 г.
[14] Arnold, E. P., Dissertation 1965.
[15] Buller, K. E., Mon. Not. Roy. Astr. Geophys. Suppl. **5**, 1937.
[16] Carder, D. S., Gordon, D. W. and Jordan, I. N., Bull. Seism. Soc. Am. **56**, 4 (1966).
[17] Jeffreys, H., Publ. Bur. Centr. Séismol. Internat. sér. A. Trav. Scient. fasc. 14, 1936.
[18] Herrin, I., The seismological tables, 1966.
[19] Lehmann, I., Bull. Seism. Soc. Am. **52**, 1962.
[20] Mc. Connell, I. R. and Mc. Taggart-Cowan, The University of Toronto, Inst. of Earth Science, Scientific Report, No. 8, 1964.

Возможности и условия стандартизации сети сейсмических станций Болгарии и изучение уровня микросейсмического шума

Людмил Христосков[1])

Zusammenfassung

In dieser Arbeit werden Fragen der Möglichkeiten und der Bedingungen für eine Standardisierung der Geräte in den seismischen Stationen Bulgariens und der Erforschung des mikroseismischen Störpegels untersucht. Es wird ein Schema für die optimale Ausrüstung der seismischen Stationen mit einem Gerät für die Aufzeichnung sowohl starker als auch schwacher Erdbeben ($M \geqq 3$) im Zusammenhang mit Problemen der seismischen Rayonierung des Landes Bulgarien vorgeschlagen.

I. Введение

Сейсмическая активность Балканского полуострова очень высокая и самая высокая в Европе. За последние двадцать лет каждый год происходили разрушительные землетрясения, исключая только 1952 и 1958 гг. По своему географичезскому положению Болгария занимает центральное место в этом районе; при этом сейсмическая активность и повторяемость землетрясений на ее территории довольно высокие [1, 2]. Исходя из графика повторяемости землетрясений можем, например, ожидать одно землетрясение с магнитудой 7,4 в рамках 100 лет. Это обстоятельство ставить серьезные проблемы в связи с развитием сети сейсмических станций. Очевидно, что сеть станций на территории Болгарии следует разрешать двумя основными задачами:

1. Регистрировать хорошо и надежно все близкие сильные и слабые землетрясения ($M \geq 3$) в связи с проблемами сейсмического районирования территории страны и решения региональных задач.

2. Уверенная регистрация телесейсмических явлений, дающая возможность проведения исследовательских работ по изучению физики земли в целом. Регистрацию близких землетрясений необходимо осуществить на всех станциях сети, а запись отдаленных землетрясений на нескольких опорных станциях первого порядка.

Здесь мы рассмотрим современное состояние сейсмических станций, условия регистрации, ограничивающее влияние микросейсмических помех и возможное улучшение и развитие сети станций на территории Болгарии.

---

[1]) Геофизический институт Болгарской Академии Наук, София, Московская 6.

II. Сейсмические станции и их оборудование

Сеть станций начала создаваться с 1960 года построением второй станции в Димитровграде. До этого времени работала только станция София, начавшая регистрации в 1904 году. Она была оборудована приборами Омори-Боша — горизонтальные маятники без затухания с увеличением около 12 раз. С 1934 года на станции работает новый астазированный сейсмограф Вихерта с массой 1000 кг.

В 1937 году станция была перемещена в специально оборудованное помещение, где и сейчас находится. Это место находится в самом городе, в 2 километрах от центра и не отвечает современным требованиям, имея в виду грунтовые условия и уровень помех [3]. Дальнейшие развитие и оснащение станции новыми типами сейсмографов можно проследить по данным таблицы 1.[1]) Соответствующие частотные характеристики приборов показаны на фиг. 1. Запись приборов Крумбаха (фиг. 1, характеристики 9 и 10) и СКД (фиг. 1, характеристика 11), нарушается из-за уровня помех, и указанное увеличение не характеризует полностью динамический диапазон этих приборов.

Оценивая в общем набор приборов на станции, можно сказать, что есть возможность регистрировать землетрясения средней силы ($M = 4-6$) на коротких расстояниях (10°), сильные отдаленные землетрясения и поверхностные волны с периодами до 30 сек. Станция находится в сейсмоактивной зоне Софийской котловины, в которой в 1858 году произошло землетрясение с интенсивностью около 9 баллов.

Станция в Димитровграде построена в 1960 г. и регистрация началась в 1961 году, когда был поставлен механический сейсмограф Крумбаха (2 горизонтальных компоненты с массой 100 кг). Станция находится на окраине города в городском парке, в отдалении 3—4 километров от возможных источников помех. Постоянные приборов даны в таблице 1 и на фиг. 1 показаны соответствующие частотные характеристики. Станция расположена на восточной окраине Маришской сейсмической зоны, где за последние 50 лет произошли два землетрясения с магнитудой 7, с эпицентрами на расстояниях 20—50 километров от станции. Набор аппаратуры обеспечивает регистрации относительно слабых близких землетрясений (сейсмограф СХ) и среднесильных на расстояниях больше 150 километров (сейсмограф Крумбах). Отношение увеличения сейсмографов СХ и Крумбах примерно 60 раз, и, согласно результатам, полученным в [4], есть

[1]) Для сейсмографа Крумбаха приведены только приблизительные постоянные, следуя техническому паспорту прибора.

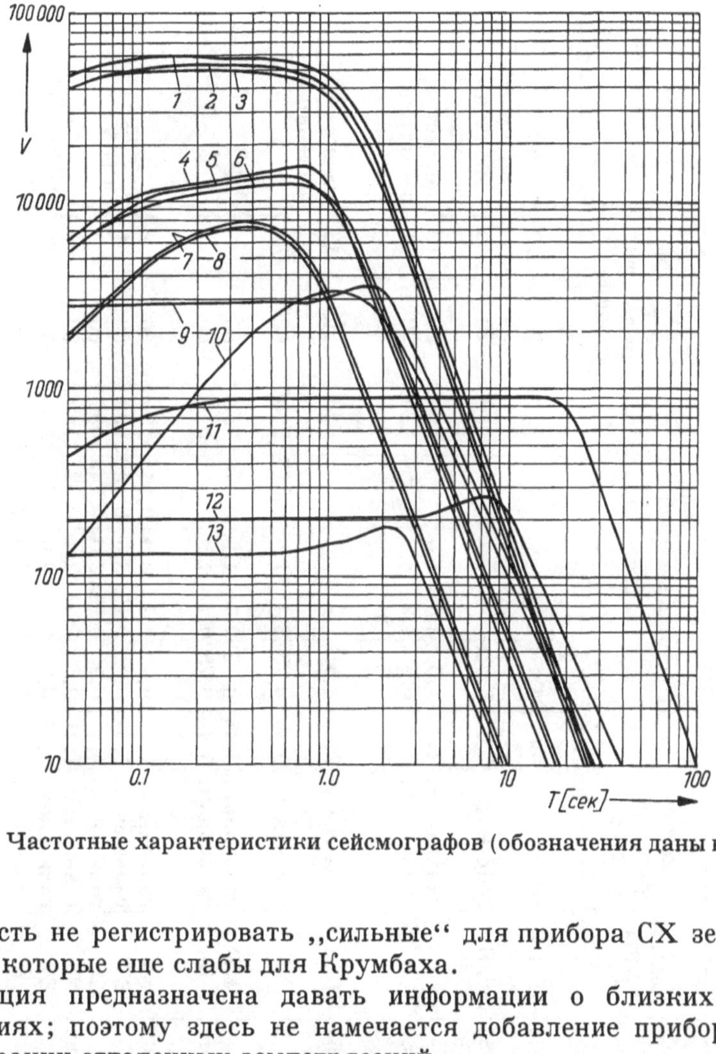

Фиг. 1. Частотные характеристики сейсмографов (обозначения даны в табл. 1)

опасность не регистрировать „сильные“ для прибора СХ землетрясения, которые еще слабы для Крумбаха.

Станция предназначена давать информации о близких землетрясениях; поэтому здесь не намечается добавление приборов для регистрации отдаленных землетрясений.

Сейсмическая станция Павликени построена и начала регистрации в 1965 году. Как видно из таблицы 1 и фиг. 1, эта станция имеет более высокочувствительные приборы в сравнении с Софией и Димитровградом. Станция находится в отдалении от населенных пунктов и источников помех. Постоянные сейсмографов и вид частотных характеристик даны в табл. 1 и на фиг. 1. Комплект приборов СКМ-3 установлен в горизонтальной штольне длиной в 200 метров и 60 метров под дневной поверхностью. Сейсмометры ВЭГИК установлены в подвале здания станций. Регистрации у обоих комплектов происходит на осциллографах типа ОСБ-VI. Отношение увеличения

Таблица 1

Станция	Тип сейсмографа	Год установки	Компоненты	Система регистраций	Постоянные прибора						Скорость регистраций	№ на фиг. 1	Примечание
					T_s	D_s	T_g	D_g	σ^2	V_0			
София	Вихерт	1934	NS, EW	механич.	9,0	4:1	—	—	—	200	30	12	средние постоянные
$\varphi = 42°41,1$ N	Крумбах	1955	NS, EW	фото-мех.	2,0	3,5:1	—	—	—	2800	20	9	приблизительные параметры
$\lambda = 23°20,0$ E			Z	гальваном.	2,0	1,0	2,0	1,0		3000	20	10	
$h = 546$ м.	СД (Кирнос)	1960	NS, EW, Z	гальваном.	25,0	0,5	1,2	8,0	0,25	1000	30	11	регистрир РС-II
Димитровград	Крумбах	1961	NE, NW	маханич.	2,5	3,5:1	—	—	—	130	30	13	средние постоянные
$\varphi = 42°02,8$ N	СХ (Харин)	1963	NS	гальваном.	0,86	0,75	0,4	1,6	0,016	7600	60	8	регистрир РС-II
$\lambda = 25°35,0$ E			EW	гальваном.	0,85	0,75	0,4	1,6	0,016	7580	60	8	
$h = 133$ м			Z	гальваном.	0,8	0,75	0,4	1,6	0,017	8100	60	7	
Павликени	СКМ-3 (Кирнос)	1965	NS	гальваном.	1,6	0,7	0,2	3,0	0,148	51000	60	2	осциллограф ОСБ-VI
$\varphi = 42°08,8$ N			EW	гальваном.	1,6	0,7	0,19	3,0	0,160	59000	60	1	
$\lambda = 25°10,3$ E			Z	гальваном.	1,6	0,7	0,18	3,0	0,142	50000	60	3	
$h = 187$ м	ВЭГИК	1965	NS	гальваном.	1,21	0,8	0,4	2,4	0,32	11500	60	6	осциллограф ОСБ-VI
			EW	гальваном.	1,21	0,7	0,38	2,0	0,32	13350	60	4	
			Z	гальваном.	1,25	1,0	0,4	2,5	0,35	13480	60	5	

приборов СКМ-3 и ВЭГИК равно приблизительно 5, при хорошем подобии частотных характеритик (фиг. 1, кривые 1—6). Эти приборы хорошо регистрируют слабые близкие землетрясения и объемные волны относительно слабых отдаленных землетрясений.

Сравнительно хорошие условия регистрации дают возможность дополнить набор приборов сейсмографами для регистрации отдаленных землетрясений (широкополосных и длиннопериодных). Поскольку станция находится в Търновской сейсмической зоне, то, очевидно, необходимо добавить низкочувствительные приборы, учитывая, что на расстоянии 35—40 км. можно ожидать землетрясения с магнитудой больше семи.

III. Микросейсмические помехи на сейсмических станциях и возможности регистрации землетрясений

Изучению фона помех и короткопериодных микросейсмов на всех станциях уделялось большое внимание. Детальное изучение уровня помех началось в 1961 году с измерениями на станции в Софии Результаты этих исследований описаны очень подробно в работе [3]. Методика заключалась в непрерывном круглосуточном цикле измерения с продолжительностью около десяти дней. Изучалась как горизонтальная, так и вертикальная составляющие микросейсмического шума. Переносимая измерительная установка состояла из вибрографа ВЭГИК, гальванометра СЦ и регистрирующего устройства со скоростью развертки порядка 10 мм/сек. Увеличение комплекта изменялось в рамках 65000 до 8000 в зависимости от условия регистрации [3, 5], а потом с 1965 г. измерения проводились при помощи передвижной сейсмической станции Геофизического института Болгарской академии наук сейсмометрами ВЭГИК и СКМ-3 на осциллографах ОСБ-VI с увеличением 20—50000. Контрольные измерения проводились в 1962 г. [5]. Сводный график максимального уровня помех (компонента Z), дополненный данными об амплитудах микросейсмов первого рода ($T = 2{,}5$ сек), показан на фиг. 2а (кривая 1).

Из этого графика видно, что в диапазоне 0,03—0,4 сек наблюдаются почти равномерные распределения амплитуд помех. В диапазоне 0,7—1,2 сек наблюдается минимум и для периодов, начиная с 1,5 сек до 10 сек, начинается очень быстрое возрастание амплитуд микросейсмов. Ночью (21—06 ч) наблюдается снижение уровня помех в диапазоне 0,05—0,4 сек почти в два раза (фиг. 2а, кривая 2). Для периодов больше 1 секунды разница незначительная, и для периодов больше 3 секунд разница практически не наблюдается.

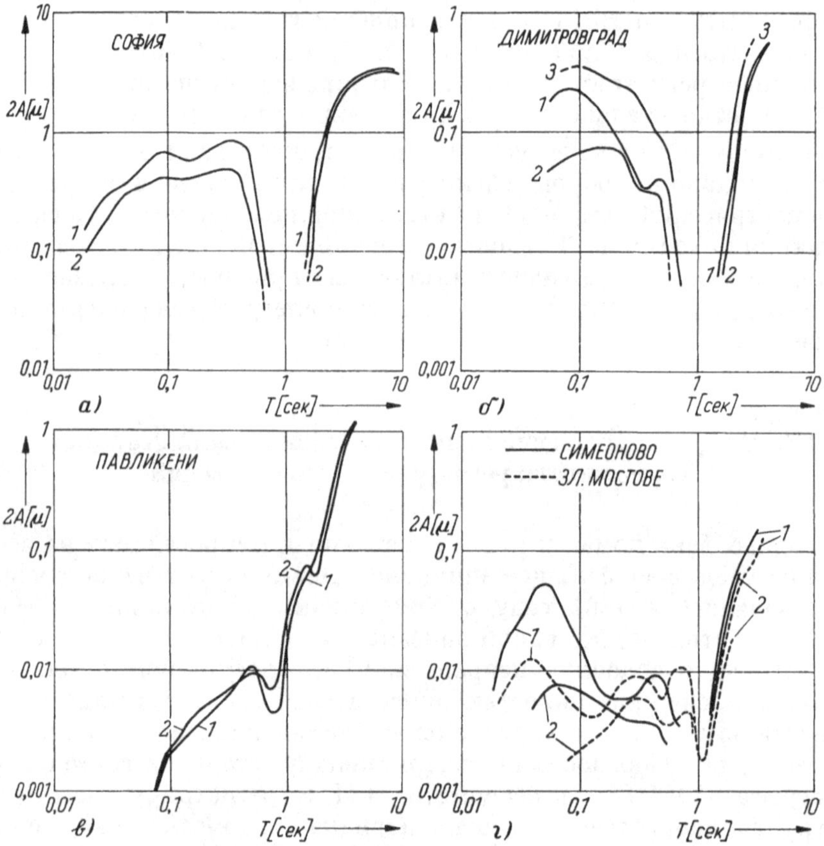

Фиг. 2. Уровень микросейсмического шума на сейсмических станциях София (а), Димитровград (б), Павликени (в), Симеоново (г—плотная лининя), Золотые Мосты (г — пунктир)

1 — вертикальная компонента — день (06—21 ч.);
2 — вертикальная компонента — ночь (21—06 ч.);
3 — горизонтальная комопнента — день (06—21 ч.)

Подобная спектральная характеристика микрошума наблюдается на станции в Димитровграде, но здесь уровень помех почти на порядок меньше. На фиг. 2б даны обобщенные графики уровня помех днем и ночью для вертикальной и горизонтальной компоненты в Димитровграде.

На фиг. 2в показаны обобщенные результаты измерений уровня помех на сейсмической станции Павликени. График, построенный на базе обработки материалов, полученных в течение круглого года, с мая 1967 г. до мая 1968 г. Здесь обращает на себя внимание тот факт, что в диапазоне 0.9—1.2 сек уже наблюдаются помехи и их амплитуды сравнимы с амплитудами помех периодов меньше 0,6—0,7 сек. Общий уровень помех на два порядка меньше, чем в Софии и на порядок, чем в Димитровграде, что позволяет получить на станции Павликени достаточно большое увеличение.

Рассмотрим еще условия регистрации вероятных мест новой центральной сейсмической станции. По всей вероятности новая станция будет на горе Витоша — южнее г. Софии на расстоянии 12—15 км от города. Измерения проводились в нескольких пунктах. Мы рассмотрим здесь результаты измерения на двух из них: Симеоново и Золотые мосты. На фиг. 2г плотными линиями даны сводные графики уровня помех в Симеоново и пунктиром резултаты измерения на Золотых мостах. Видно, что уровень помех небольшой и даже меньше чем на станции Павликени (фиг. 2в), что указывает на возможность осуществить регистрации с большим увеличением на короткопериодных приборах в диапазоне 0,1—1 сек.

Измерения уровня шума еще проводились в Северовосточной Болгарии (в районе Шаблы), где предполагается строить новую станцию, и в районе города Кырджали, где уже построена новая сейсмическая станция. Не вдаваясь в подробности, укажем, что в Северовосточной Болгарии вблизи моря невозможно регистрировать с увеличением больше 6—7.000, а в Кырджали возможно не меньше, чем 20 000. Возможные источники и причины помех подробно рассмотрены в нашей работе [5]. Спектральная характеристика микрошума на станции Павликени и в экспериментальном пункте Золотых Мостов подтверждают сделанные раньше выводы.

На базе всех графиков максимального уровня помех построены сводные кривые максимального допустимого увеличения в зависимости от периода микрошума на различных станциях (фиг. 3). Допустимое увеличение $V_д$ рассчитывалось для различных периодов по формуле

$$V_д = \frac{2\,A_д\,10^3}{2\,A_ш},$$

где: $2\,A_д$ — двойная допустимая амплитуда помех на сейсмограмме в мм, $2\,A_ш$ — двойная амплитуда мпкросеймического шума в микронах. Было принято, что при скорости развертки 60 мм/мин. $2\,A_д = 0{,}25$ мм для $T \leq 1$ сек и $2\,A_д = 0{,}5$ для $T > 1{,}5$ сек. Из фиг. 3 видно, что на станции София только прибор Вихерта может работать в оптимальном режиме, а для остальных двух приборов уровень помех очень высокий, и, очевидно, нужно переместить станции в другое место. На станции в Димитровграде увеличение короткопериодных приборов ограничивает уровень помех и не может быть больше, чем 5000—7000. Значительно более благоприятные условия на станции Павликени и на экспериментальных пунктах на горе Витоша.

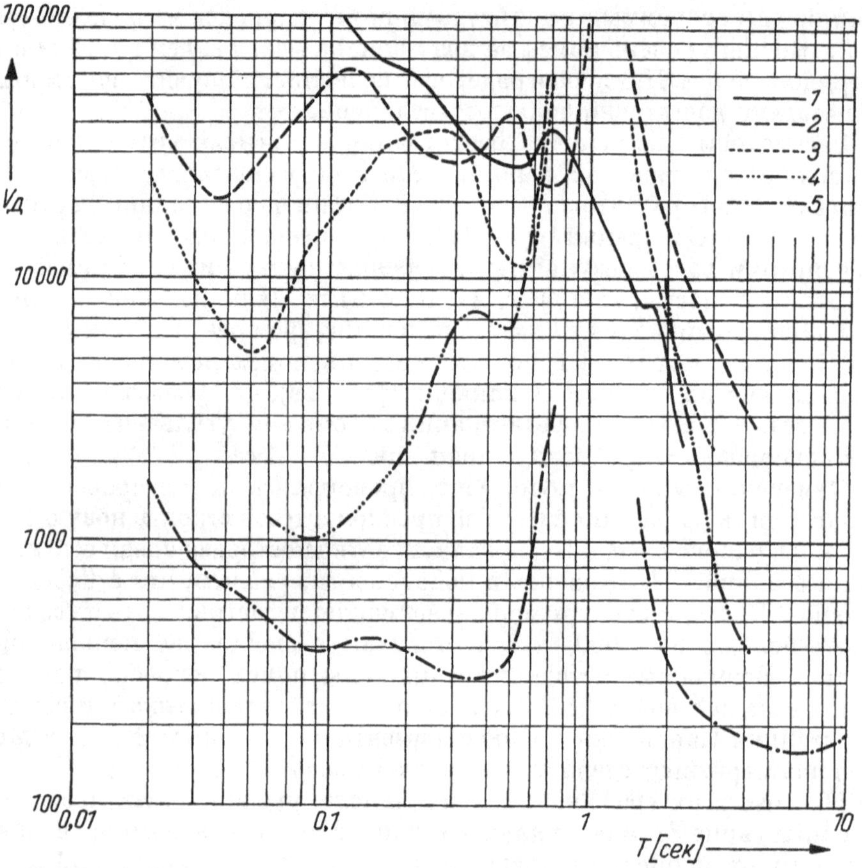

Фиг. 3. Допустимое увеличение на сейсмических станциях Павликени (1), Золотые мосты (2), Симеоново (3), Димитровград (4) и София (5).

Более важным является вопрос о возможности регистрации землетрясения определенной силы при данном уровне помех на отдельных станциях. Была сделана попытка оценить граничные возможности регистрации волн P и S для землетрясений с магнитудой $M = 3$ на станциях: София, Димитровград, Павликени и Золотые мосты. Из очевидного соотношения

$$\sigma(\Delta) = 3 - \lg\left(\frac{A}{T}\right)_{\text{ш, max}} - \delta M_S$$

можно определить эпицентральное расстояние Δ, до которого можно регистрировать землетрясение с магнитудой $M = 3$. В равенстве (2) $\sigma(\Delta)$ — калибровочные функции взяты из нашей работы [6], $\lg\left(\frac{A}{T}\right)_{\text{ш, max}}$

максимальное значение отношения амплитуды помех к соответствующему периоду и δM_s — станционная коррекция [6]. Полученные результаты показаны на фиг. 1. По оси ординат нанесены граничные значения эпицентрального расстояния, до которого можно регистрировать волны P (плотные линии) и S (пунктир) на различных станциях. На оси абсциссы даны периоды микросейсмического шума, соответственно периоды приходящих волн. Сразу видно, что для широкополосного короткопериодного прибора в интервале 0,1 до 1,0 сек возможности регистрации землетрясения с магнитудой $M = 3$ немало различаются в зависимости от периода волны и самые лучшие условия имеем в интервале 0,5—1 сек. Для станции Софии для волн P расстояние меньше 1° и данные не нанесены на фиг.4. Эти данные можно использовать для построения карты возможной дальности регистрации землетрясения с магнитудой $M = 3$ на территории Болгарии. На фигурах 5 и 6 даны карты для возможности регистрации волн P и S соответственно. Среднее граничное расстояние вычислено по данным фиг. 4, учитывая график изменения периодов объемных волн с расстоянием из [4], после двух последовательных приближений.

Из фиг. 5 для волн P хорошо видно, что ни одна точка территории страны не перекрывается тремя станциями и только чкасть средней Болгарии перекрывается двумя станциями. Для волн S вся западная

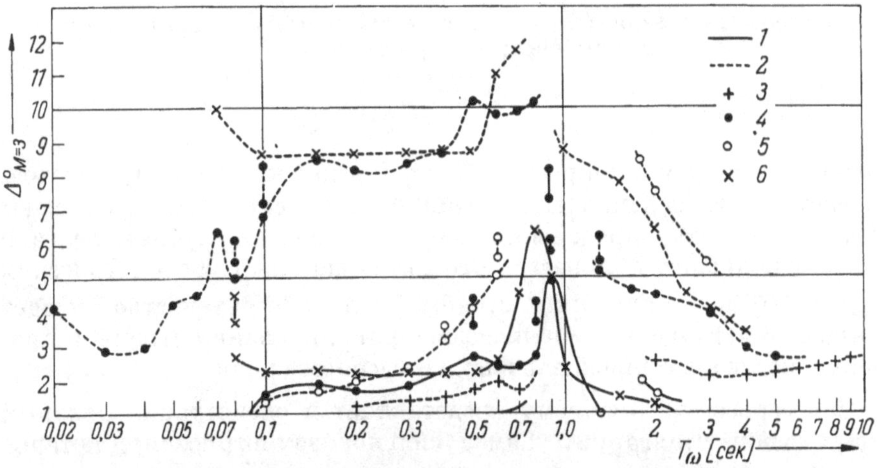

Фиг. 4. Граничные расстояния регистрации волн P и S для землетрясений с магнитудой $M = 3$ для различных станций в зависимости от уровня помех и его периода.

1 — волна P; *2* — волна S; *3* — София; *4* — Золотые мосты; *5* — Димитровград; *6* — Павликени

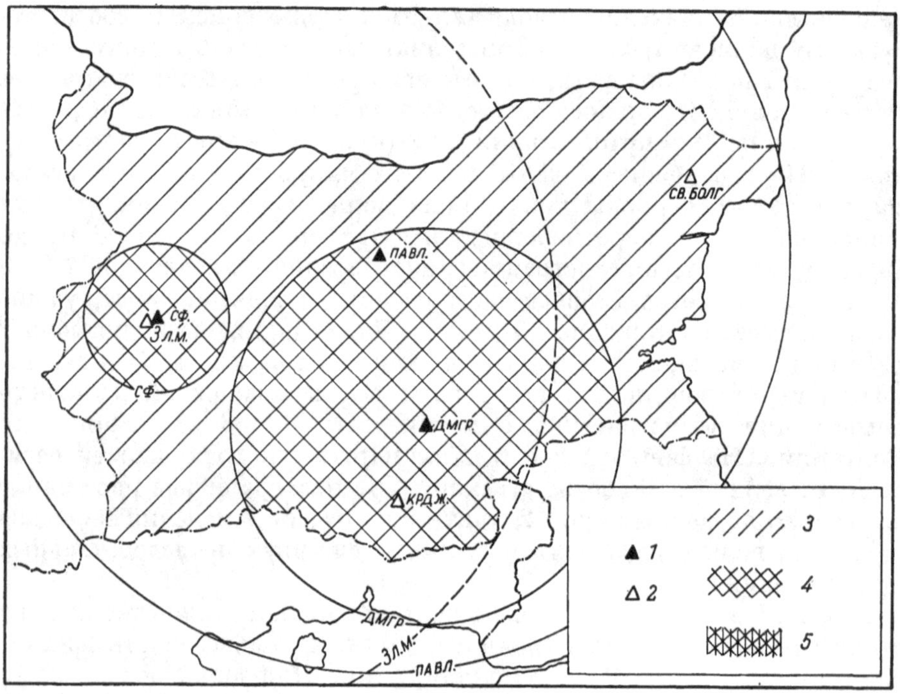

Фиг. 5. Области регистрации волн P для землетрясения с магнитудой $M = 3$ на терроитории Болгарии.

1 — действующая станция; 2 — проектная станция; 3 — одна станция; 4 — две станции; 5 — три станции

половина территории покрыта наблюдениями трех станций, и восточная часть—двух сейсмических станций. Эти результаты указывают на невозможность определения координат очага, гкубины очага и т. д. для большого количества относительно слабых землетрясений [$\overline{N}_{M=3} > 10$] на территории страны. Это обстоятельство мешает проведению детального сейсмического районирования страны и проведению исследовательских работ на высоком уровне.

Очень серьезную проблему представляет и регистрация сильных землетрясений Болгарии. Самое сильное землетрясение, которое можно регистрировать на расстоянии не меньше 3°, имеет магнитуду приблизительно 7,0, а землетрясение этого порядка наблюдается не меньше раза в 50 лет и при этом на расстояниях от 20 до 200 км для отдельных станций. Таким образом, вопрос регистрации как слабых, так и сильных землетрясений на территории Болгарии еще не решен.

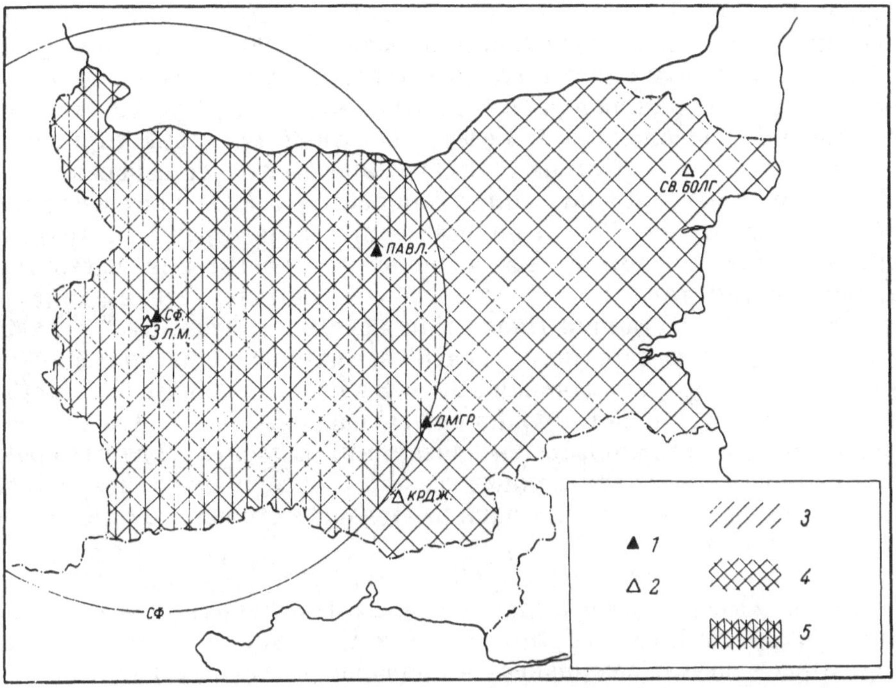

Фиг. 6. Области регистраций волн S для землетрясений с магнитудой $M = 3$ на территории Болгарии.
(Обозначения как на фиг. 5)

IV. Дальнейшее оборудование и развитие сети станций и возможностей стандартизации

В связи с будущим развитием сети станций необходимо иметь в виду определенную систему стандартизации параметров сейсмических приборов. В работе [7] дан обзор различных предложений о возможной стандартизации короткопериодных приборов. Эти предложения не конкретные, и дальше мы будем придерживаться конкретных стандартных схем, рекомендуемых в работах [4] и [7]. В этих работах рассматриваются стандартизация короткопериодных высокочувствительных комплектов и стандартные наборы с увеличением 1000 и меньше. Вопрос о стандартных характеристиках специальных длиннопериодных широкополосных приборов не обсуждался и поэтому мы не будем его рассматривать.

Исходя из требования регистрации близких слабых землетрясений, имея в виду результаты, данные на фиг. 4, становится ясно, что на территории страны, кроме станции Павликени, нужно иметь еще три подобных станций с увеличением порядка 50000 в диапазоне 0,1 до 1,0 сек. Двое из пунктов уже намечены: гора Витоша (новая Центральная станция) и станция в районе города Кырджали. Третью станцию необходимо расположить в Северо-восточной Болгарии (примерно в районе города Толбухина). Это решило бы вопрос о перекрытии трех станций и одной контрольной для регистрации волн от землетрясений с магнитудой $M = 3$ по всей территории страны. Характер уровня помех указывает на возможность построения частотных характеристик типа IV' [7] по подобным характеристикам сейсмографа СКМ-3 на станции Павликени (фиг. 1, кривые 1—3). Чтобы была возможность зарегистрировать уверенно все землетрясения на территории Болгарии, начиная с $M = 3$ до самых сильных с повторяемостью раз в 100 лет, нужно иметь набор из нескольких типов сейсмографов с различными увеличениями. В таблице 2 даны характерные расстояния для землетрясения с максимально возможной магнитудой, повторяющейся один раз и чаще в сто лет, по отношению к отдельным станциям Болгарии.

Выбор примерного набора приборов является результатом сделанных выше выводов о регистрации слабых землетрясений и данных о сильных землетрясениях, приведенных в табл. 2, учитывая характеристики и оценки возможностей приборов различных конструкций, включенных в стандартные наборы в работах [4] и [7]. Он состоит из семи типов приборов (табл. 3).

Полученную схему различных типов приборов необходимо проверить и приспособить к каждой станции в отдельности. Проведенные расчеты и оценки получены после ряда допущений и осреднения и далеко не в состоянии учитывать все конкретные условия на различных станциях. Сильное влияние можно оказать на выбор калибровочных функций для оценки возможного оптимального расстояния регистрации землетрясения определенной магнитуды. Поскольку невозможно сразу пополнить станции необходимым комплектом аппаратуры, целесообразно начать регистрации с прибором типа I (или II), III (или IV') и VII (или VI). Приборы типа I и II дали бы возможность быстро накоплять материал для решения задач сейсмического районирования, а установка приборов типа VI и VII обязательна с точки зрения редкости очень сильных землетрясений и необходимости их регистрации. Так, например, в первую очередь, имея в виду существующие оборудования, необходимы следующие приборы на различных станциях: Золотые мосты (в комбинации со станцией София) — тип I, V, VII; Димитровград — тип VII, V; Павликени — тип III (или IV'), VII; Кырджали — или I, III (или IV') и VI.

Имея в виду повторяемость землетрясения в интервале больше ста лет, на расстоянии около 90 в Софии можно ожидать землетрясения

Таблица 2

Станция	Максимальная магнитуда на расстояниях Δ км[1])				Соответствующий прибор для регистрации максимальной магнитуды на расстояниях Δ км по данным из [4]			
	<50	50—100	100—200	200—500	<50	50—100	100—200	200—500
София	6,0 (20)	7,4 (100)	7,1 (150)	7,2 (440)	ВБП-0,15	ВБП-0,15	ВБП-0,15	СМР-0
Димитровград	6,9 (25)	7,1 (50)	7,1 (120)	7,4 (210)	ВБП-0,15	ВБП-0,15	ВБП-0,15	ВБП-0,15
Павликени	7,1 (35)	7,1 (100)	6,0 (190)	7,4 (250)	ВБП-0,15	ВБП-0,15	С С-1,5	ВБП-0,15
Кырджали	5,7 (50)	7,1 (70)	7,4 (190)	6,0 (220)	СМР-0	ВБП-0,15	ВБП-0,15	СМР-0

[1]) В скобках указаны точные расстояния.

Таблица 3

Тип	Увеличение	Диапазон периодов сек	Подходящие приборы
I	50000—100000	0,1—1	СКМ-3
II	5000—10000	0,1—1 (0,3—0,7)	ВЭГИК, СХ Крумбах
III	≈1000	0,3—10 (25)	СК, СК
VI	100—200	0,3—5 (10,25)	Канал пониженной чувствительности типа III, Вихерт Крумбах
V	≈15	0,1—5	С5С
VI	1—2	0,1—5	С5С, СМР-0
VII	0,15—0,2	0,1—1	ВБП, ЭСС

с магнитудой $M = 7{,}85$, так что нужно установить, по крайней мере, один акселерограф с чувствительностью порядка 50—70 гал/мм в Центральной станции на Витоше.

Литература

[1] Христосков, Л., Върху повторяемостта на земетресенията в България в зависимост от енергетичната им класификация. Изв. на Геоф. и-т БАН, т. III (1962) 231.
[2] Григорова, Ек. и Григоров, Б., Епицентрите и сеизмичните линии в НР България. Издателство БАН, София, 1964.
[3] Холуб, К. и Христосков, Л., Короткипериодические помехи на сейсмической станции в Софии, Studia geoph. et geod. 7 (1963) 68.
[4] Аранович, З. И. и Шеболин, Н. В., Об оптимальном оборудовании сейсмических станций прибором для записи сильных землетрясений. Аппаратура и методика сейсмометрических наблюдений. Изд. Наука, Москва (1967) 115.
[5] Христосков, Л. и Холуб, К., Изследоване на станционния микросеизмичен шум и късопериодични микросеизми. Изв. на Геоф. и-т БАН, т. IV (1964) 269.
[6] Христосков, Л., Калибровачни функции за вълните *PH* и *SH* на епицентрални разстояния до 21°. Изв. на Геоф. и-т БАН, т. X, (1967) 85.
[7] Aranovich, Z. I., Korchagina, O. A. and Tobyás, V., A proposition of the standarization of amplitude characteristics of shortperiod highly sensitive seismographs. Studia geoph. et geod., 12 (1968) 38.

Предложение по стандартизации амплитудно-частотных характеристик короткопериодных высокочувствительных сейсмографов

З. И. Аранович[1]), О. А. Корчагина[1])

V. Tobyáš[2])

Резюме

В результате изучения спектров короткопериодных помех выделены два максимума в спектре с периодами $T < 1$ сек и два максимума в области обычных микросейсм. На этом основании было проведено разделение сейсмических станций на 4 группы, в зависимости от типа спектра сейсмических помех. Для каждой группы станций предложена оптимальная частотная характеристика, реализуемая в пределах сейсмического канала, состоящего из сейсмометра СКМ-3 и гальванометра ГК-УП-М. Поскольку увеличение аппаратуры в пределах каждого типа частотной характеристики будет варьировать в зависимости от уровня сейсмических помех, для этих характеристик применен метод тождественного преобразования постоянных аппаратуры, при котором частотная характеристика остается постоянной, а увеличение изменяется в любых допустимых пределах. Парциальные кривые $w(\sigma^2)$; $T_s(\sigma^2)$; $T_g(\sigma^2)$; $D_s(\sigma^2)$; $D_g(\sigma^2)$ — позволяют подобрать необходимую совокупность значений T_s, T_g, D_s, D_g, σ^2, обеспечивающую нужное увеличение для каждой из четырех оптимальных частотных характеристик. Указанные парциальные кривые применимы, естественно, к любому типу короткопериодного сейсмографа.

Для выбора подходящего типа стандартной характеристики необходимо предварительно произвести измерение спектра помех на станции. Рекомендуется простой и быстрый способ измерения спектра помех — метод построения ,,условного спектра‘‘ максимальных амплитуд. Приведено краткое описание этого метода, позволяющего по огибающей спектра построить соответствующую кривую допустимых увеличений. В зависимости от формы и уровня кривой допустимых увеличений подбирается тип стандартной частотной характеристики и рабочее увеличение сейсмографа.

Originalarbeit erschienen in: Stud. geoph. et geod., Praha **12** (1968) No. 1.

[1]) Институт физики Земли АН СССР, Москва.

[2]) Геофизический институт ЧСАН, Прага.

Der Strain-Seismograph der Seismologischen Station Moxa

H. Stiller, W. Sponheuer, Ch. Teupser, P. Bormann, D. Güth und J. Stelzner[1])

Zusammenfassung

Zwei Strain-Seismographen arbeiten in NS- und EW-Richtung in der seismologischen Station Moxa seit Anfang 1966. Diese Instrumente messen die Abstandsänderung zweier Pfeiler mit Hilfe eines Quarzrohres. Jedes Rohr ist 25,8 m lang und aus 13 Vitreosilrohren mit 11 cm Außendurchmesser und 1 cm Wandstärke gefertigt. Am Ende jedes Rohres befinden sich zwei elektrodynamische Übertrager. Diese sind mit einem kurz- und einem langperiodischen Galvanometer gekoppelt. Die Seismographen geben mehr Information über die Natur der seismischen Wellen. Einige Beispiele zeigen, daß die Aufzeichnungen mit den von Benioff gegebenen Richtcharakteristiken übereinstimmen. Die Registrierungen wurden auch mit denen von Pendelseismographen verglichen.

Der vollständige Text erscheint im Tagungsband der ESC-Versammlung Leningrad 1968.

[1]) Institut für Geodynamik, Jena, der Deutschen Akademie der Wissenschaften zu Berlin.

Störungen bei langperiodischen Vertikalseismographen. Zur Kompensation der Temperaturabhängigkeit der Nullage

E. Unterreitmeier[1])

Summary

Investigations of the construction of vertical seismographs of La Coste type make it possible to seize exactly the influence of temperature to zero-point stability of seismographs. Two solutions are described. For a compensation equipment formulas for design and some results are given.

Der Jenaer Vertikalseismograph VSJ-1 ist ein langperiodischer Seismograph vom La-Coste-Typ [1]. Er wird mit einem Galvanometer von $T_g = 1$ s mit einer Eigenperiode von $T_s = 20$ s und mit einem ultralangperiodischen Galvanometer von $T_g = 90$ s mit einer Eigenperiode von $T_s = 30$ s eingesetzt. Zur Erzielung der Periodendauer besitzt er eine schräg angeordnete Schraubenzugfeder, die zwischen den Befestigungen A und B hängt (Abb. 1). AOB bilden ein Dreieck, dessen Hypotenuse die Feder bildet, mit einem Winkel $\sphericalangle AOB < 90°$. Dadurch erreicht man nach [1] große Eigenperioden T_s.

Die Feder hat eine eingewickelte Vorspannung von $P_0 = 6{,}5$ kp und eine negative Vorspannlänge $\lambda_F \approx 50$ mm, die sich als Schnittpunkt der Verlängerung des linearen Federdiagrammteiles mit der Abszisse im Negativen ergibt. Das Material der Feder ist Ni-Span-C mit einem bestimmten Chromgehalt (5,1%–6% Cr). Der lineare Ausdehnungskoeffizient von Ni-Span-C ist

$$\alpha\ (\text{Ni-Span-C; } 5{,}1\%\ \text{Cr}) = 6{,}3 \cdot 10^{-6}\ (°\text{C})^{-1}$$

$$\alpha\ (\text{Ni-Span-C; } 6\%\ \text{Cr}) = 7{,}1 \cdot 10^{-6}\ (°\text{C})^{-1}$$

Der Temperaturkoeffizient $\alpha(f)$ der Federkonstante f hat nach der Kaltverformung beim Wickelvorgang einen Wert von $> 10^{-5}\ (°\text{C})^{-1}$. Durch entsprechendes abschließendes Glühen kann man jedoch ganz gut einen gewünschten Wert zwischen $-10^{-5}\ (°\text{C})^{-1}$ und $+10^{-5}\ (°\text{C})^{-1}$ erreichen [2]. Damit entsteht die Frage nach dem erforderlichen $\alpha(f)$-Wert für die Feder.

Man möchte für den VSJ-I eine gute Temperaturkonstanz erreichen, um ein sicheres Arbeiten auch bei vorkommenden Raumtemperaturschwankungen zu gewährleisten. Das heißt, daß das Gehänge des VSJ-I sich möglichst immer am mechanischen Nullpunkt befinden soll, unabhängig von vorliegenden Temperaturschwankungen. Eine derartige Konstanz kann mit den z. Zt verwendeten Federn aus Ni-Span-C noch nicht erreicht werden. Jedoch ist der Temperaturkoeffizient des Seismographen α^{seis} so klein, daß bei Temperaturschwankungen

[1]) Institut für Geodynamik der Deutschen Akademie der Wissenschaften zu Berlin, Jena.

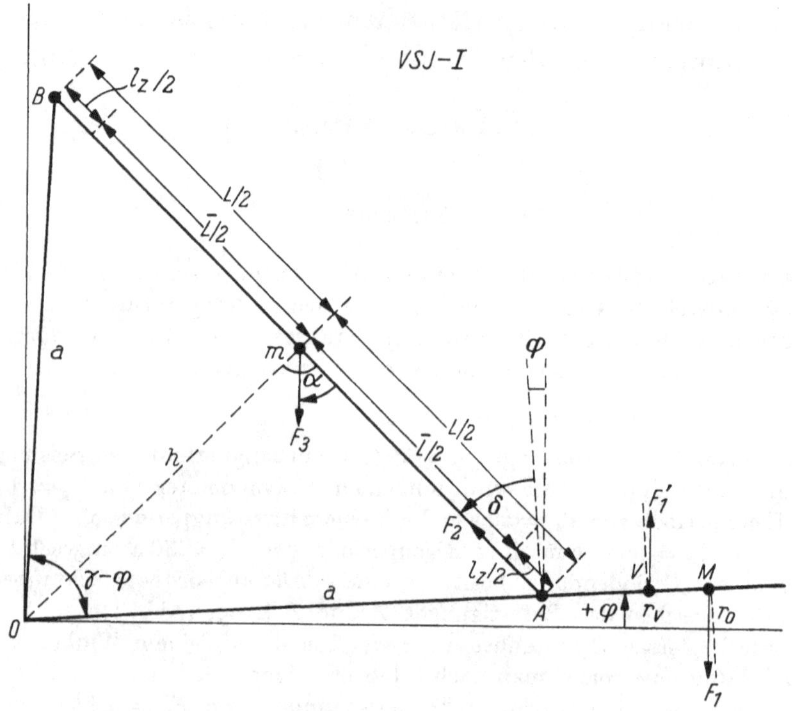

Abb. 1. Konstruktion des VSJ-I mit Bezeichnungen und wirkenden Kräften

von 1 °C der Seismograph noch sicher arbeitet und das Gehänge sich innerhalb der mechanischen Begrenzung $\pm$ 3 mm befindet. Damit kann das Tauchspulsystem noch sicher arbeiten und die Nichtlinearitäten und die Änderung der Eigenperiode T_s bleiben klein.

Nach [1] hängt der Fehlausschlag des Seismographen quadratisch von der Eigenperiode T_s ab. Darum definiert man den Temperaturkoeffizienten α^{seis} so, daß er unabhängig von der Eigenperiode T_s wird.

Da

$$T = 2\pi N \sqrt{\frac{l_0}{g}}\,,$$

so ergibt sich [1]

$$\alpha^{\text{seis}} \approx \frac{1}{N^2 \cdot l_z} \cdot \frac{\Delta x}{\Delta \vartheta}$$

und

$$\Delta x \approx N^2 \cdot l_z \cdot \alpha^{\text{seis}} \cdot \Delta \vartheta\,.$$

In Abb. 2 ist die Nullpunktverschiebung Δx des Gehänges des VSJ-I bei verschiedenen Eigenperioden in Abhängigkeit von den Raumtemperaturschwankungen $\Delta \vartheta$ aufgetragen. Die Geraden gelten für einen mittleren Temperatur-

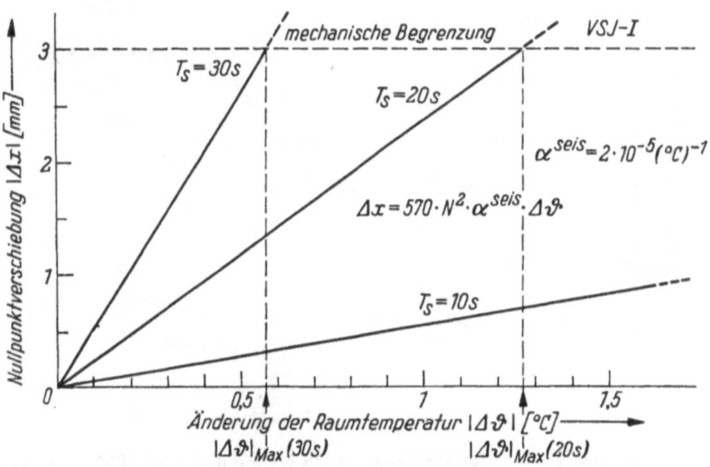

Abb. 2. Nullpunktverschiebung bei Änderung der Raumtemperatur in Abhängigkeit von der Eigenperiode T_s des VSJ-I

koeffizienten (TK) $\alpha^{seis} = 2 \cdot 10^{-5}$ (°C)$^{-1}$; die TK der eingesetzten VSJ-I liegen bei $+1{,}0 \ldots -3{,}0 \cdot 10^{-5}$ (°C)$^{-1}$. Der Schnittpunkt der Geraden mit der Parallelen „mechanischen Begrenzung" (3 mm) ergibt die Werte für die höchstzulässigen Temperaturschwankungen. Es sind dieses

$$|\Delta\vartheta|_{max}\,(20\text{ s}) \leqq 1{,}2\text{ °C}$$

$$|\Delta\vartheta|_{max}\,(30\text{ s}) \leqq 0{,}5\text{ °C}\,.$$

Das sind sehr strenge Forderungen an die Bedingungen am Aufstellungsort und an die evtl. vorhandenen Klimaanlagen.

Abb. 3 macht noch einmal klar, wie einschränkend vorliegende Temperaturschwankungen für die Aufstellung langperiodischer Vertikalseismographen sein können. Bei dem vorausgesetzten α^{seis} kann man bei Schwankungen $|\Delta\vartheta| = 1$ °C nur mit Eigenperioden bis zu $T_s \leqq 21$ s und bei $|\Delta\vartheta| = 0{,}5$ °C nur bis $T_s \leqq 31$ s arbeiten. Es ist also günstiger, den TK des Seismographen durch entsprechende Maßnahmen zu verkleinern, als die strengen Forderungen an die Umgebungstemperaturen zu erfüllen. Besonders bei dem Einsatz in Außenstationen ist eine derartige Temperaturkonstanz kaum zu verwirklichen, wenn man auf Klimaanlagen verzichten muß.

Es sollen im folgenden zwei Verfahren besprochen werden, mit deren Hilfe man den TK des VSJ-I verbessern kann.

Bei dem ersten Verfahren geht es um eine möglichst exakte Analyse der Temperaturabhängigkeit des VSJ-I und um das Zusammenwirken der einzelnen Teile des Seismographen. Das hat zum Ziel eine Angabe über die Forderungen an den TK der Feder zu bekommen, um einen resultierenden $\alpha^{seis} = 0$ erreichen zu können.

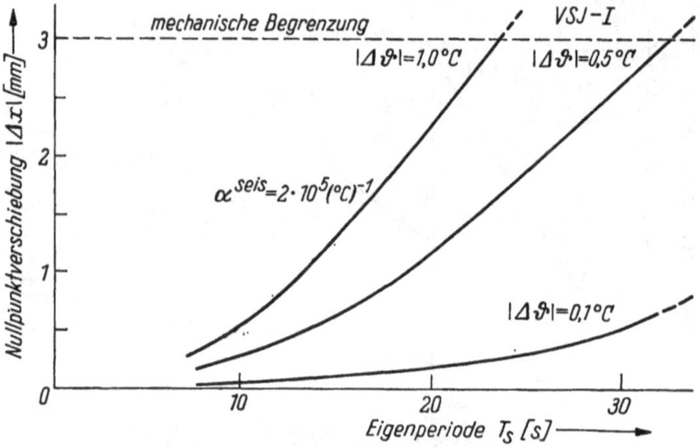

Abb. 3. Nullpunktverschiebung bei verschiedenen Eigenperioden T_s und Raumtemperaturänderungen $|\Delta\vartheta|$

Wir berechnen nun das resultierende Drehmoment $\mathfrak{M}$ des VSJ-I in bezug auf die Drehachse durch den Punkt 0 (Abb. 1). Die am Gehänge angreifenden Kräfte sind:

$$\left.\begin{aligned} F_1 &= -M g\,, \\ F_1' &= +V \varrho g\,, \\ F_2 &= f\,(L(\varphi) - \lambda_F - \lambda_Z)\,; \qquad \lambda = \lambda_F + \lambda_Z\,, \\ F_3 &= -m g\,. \end{aligned}\right\} \tag{1}$$

Es entspricht F_1 dem Gewicht der Masse des Gehänges, F_1' dem Auftrieb des Volumens V des Gehänges in Luft der Dichte ϱ, F_2 der Federkraft entsprechend dem Belastung-Dehnungsdiagramm und F_3 dem Gewicht der Federmasse.

Diese Kräfte greifen an verschiedenen Punkten des Gehänges, gerechnet vom Nullpunkt 0, an:

F_1 im Schwerpunkt r_0,

F_1' im Volumenmittelpunkt r_v,

F_2 im Befestigungspunkt A,

F_3 in der Entfernung h von 0.

Die einzelnen Momente sind bei einem Ausschlag φ:

$$\left.\begin{aligned} \mathfrak{M}_1 &= -M g\, r_0 \cos\varphi\,, \\ \mathfrak{M}_1 &= +V \varrho g\, r_v \cos\varphi\,, \\ \mathfrak{M}_2 &= a \cdot f\,(L(\varphi) - \lambda) \cos\delta = h \cdot f\,(L(\varphi) - \lambda)\,, \\ \mathfrak{M}_3 &= -m g h \cos(\delta + \varphi) = -m g \cdot h \cos\alpha\,. \end{aligned}\right\} \tag{2}$$

Mit

$$\overline{M} = M - V \varrho \frac{r_v}{r_0} \tag{3}$$

wird

$$\overline{\mathfrak{M}}_1 = - \overline{M} g r_0 \cos \varphi .$$

Wir verwenden die geometrischen Beziehungen

$$\left.\begin{aligned} \cos(\delta + \varphi) &= \cos\left(\frac{\gamma + \varphi}{2}\right), \\ L &= 2 a \sin\left(\frac{\gamma - \varphi}{2}\right), \\ h &= a \cos\left(\frac{\gamma - \varphi}{2}\right), \qquad h_0 = a \cos \frac{\gamma}{2} \end{aligned}\right\} \tag{4}$$

und die Beziehung (3) und erhalten

$$\left.\begin{aligned} \overline{\mathfrak{M}}_1 &= - \overline{M} g r_0 \cos \varphi , \\ \mathfrak{M}_2 &= a \cdot f \left(2 a \sin\left(\frac{\gamma - \varphi}{2}\right) - \lambda\right) \cdot \cos\left(\frac{\gamma - \varphi}{2}\right), \\ \mathfrak{M}_3 &= - m g a \cos\left(\frac{\gamma - \varphi}{2}\right) \cdot \cos\left(\frac{\gamma - \varphi}{2}\right). \end{aligned}\right\} \tag{5}$$

Das resultierende Moment $\mathfrak{M}$ ist

$$\left.\begin{aligned} \mathfrak{M} &= \overline{\mathfrak{M}}_1 + \mathfrak{M}_2 + \mathfrak{M}_3 , \\ \mathfrak{M} &= a \cdot f \left[2 a \sin\left(\frac{\gamma - \varphi}{2}\right) - \lambda\right] \cdot \cos\left(\frac{\gamma - \varphi}{2}\right) \\ &\quad - \overline{M} g r_0 \cos \varphi - m g a \cos\left(\frac{\gamma - \varphi}{2}\right) \cdot \cos\left(\frac{\gamma + \varphi}{2}\right). \end{aligned}\right\} \tag{6}$$

Die Gleichgewichtsbedingung lautet:

$$\mathfrak{M} (\varphi = 0) = 0 . \tag{7}$$

Das ergibt nach f aufgelöst die Beziehung

$$f = \frac{\overline{M} g r_0 + \frac{1}{2} m g a (\cos \gamma + 1)}{a \left(2 a \sin \frac{\gamma}{2} - \lambda\right) \cos \frac{\gamma}{2}} . \tag{8}$$

Wir entwickeln jetzt (6) in eine Reihe nach φ in der Nähe des Nullpunktes unterAnnahme der Konvergenz für kleine φ. Es ergibt sich unter Ausnutzung einiger geometrischer Beziehungen für

$$\mathfrak{M}(\varphi) = \varphi \cdot \left(\frac{\partial \mathfrak{M}}{\partial \varphi}\right)_{\varphi=0} + \frac{\varphi^2}{2} \left(\frac{\partial^2 \mathfrak{M}}{\partial \varphi^2}\right)_{\varphi=0} + \frac{\varphi^3}{6} \left(\frac{\partial^3 \mathfrak{M}}{\partial \varphi^3}\right)_{\varphi=0} + \cdots \tag{9}$$

der Ausdruck:

$$\mathfrak{M}(\varphi) = \left\{\overline{M}\, g\, r_0 + \frac{1}{2}\, m\, g\, a\,(\cos\gamma + 1)\right\} \cdot \left\{\varphi \left[-\operatorname{ctg}\gamma - \frac{h_0}{L_0}\frac{\lambda}{L_0 - \lambda}\right] + \right.$$

$$+ \frac{\varphi^2}{2}\left[\frac{3\,\lambda\, h_0}{L_0\,(L_0 - \lambda)}\left(\operatorname{ctg}\gamma - \frac{h_0}{L_0}\right) + \frac{\overline{M}\, r_0 + \frac{1}{2}\, m\, a}{\overline{M}\, r_0 + \frac{1}{2}\, m\, a\,(\cos\gamma + 1)} - 1\right] +$$

$$\left. + \frac{\varphi^3}{6}\,[\ldots] + \ldots\right\}. \tag{10}$$

(10) erlaubt uns für $\left(\frac{\partial \mathfrak{M}}{\partial \varphi}\right)_{\varphi=0}$ einen übersichtlicheren Ausdruck zu erhalten, als das aus (6), dem exakten Ausdruck, der Fall gewesen wäre.

Wir führen die Abkürzung ein

$$N^2 = \left[\operatorname{ctg}\gamma + \frac{h_0}{L_0}\frac{\lambda}{L_0 - \lambda}\right]^{-1}. \tag{11}$$

Dann ist

$$\mathfrak{M}(\varphi) = -\frac{\overline{M}\, g\, r_0 + \frac{1}{2}\, m\, g\, a\,(\cos\gamma + 1)}{N^2} \cdot \varphi \times$$

$$\times \left\{1 - \frac{\varphi}{2}\, N^2 \left[\frac{3\,\lambda\, h_0}{L_0\,(L_0 - \lambda)}\left(\operatorname{ctg}\gamma - \frac{h_0}{L_0}\right) + \frac{\overline{M}\, r_0 + \frac{1}{2}\, m\, a}{\overline{M}\, r_0 + \frac{1}{2}\, m\, a\,(\cos\gamma + 1)} - 1\right] + \right.$$

$$\left. + \frac{\varphi^3}{6}\, N^2\,[\ldots] + \ldots\right\}. \tag{12}$$

Die Eigenperiode des Seismographen ist nach [1]

$$T_s = 2\,\pi \cdot N \sqrt{\frac{l_0}{g}}\,, \qquad T_s = 2\,\pi \sqrt{\frac{l_0}{g}}\left[\operatorname{ctg} + \frac{h_0}{L_0}\frac{\lambda}{L_0 - \lambda}\right]^{-1/2}. \tag{13}$$

Mit

$$T_0 = 2\,\pi \sqrt{\frac{l_0}{g}}$$

als natürlicher Eigenperiode ist dann

$$N = \frac{T_s}{T_0}. \tag{14}$$

N tritt hier als ein „Periodenverlängerungskoeffizient" auf. l_0 ist die reduzierte Pendellänge des als physikalisches Pendel betrachteten Gehänges und T_0 die dazugehörige Eigenperiode.

Für den VSJ-I ist $T_0 \approx 1{,}4$ sec und demnach

$$N^2\,(T_s = 20\text{ s}) \approx 200\,, \qquad N^2\,(T_s = 30\text{ s}) \approx 460\,. \tag{15}$$

Jetzt können wir $\partial\mathfrak{M}/\partial\varphi$ berechnen und erhalten den übersichtlichen Ausdruck

$$\left(\frac{\partial\mathfrak{M}}{\partial\varphi}\right)_{\varphi=0} = -\frac{\overline{M}\,g\,r_0 + \frac{1}{2}\,m\,g\,a\,(\cos\gamma + 1)}{N^2}\,. \tag{16}$$

Wir wollen jetzt zu einem Ausdruck für die Temperaturempfindlichkeit unseres Seismographen gelangen. Dazu betrachten wir die Abhängigkeit des resultierenden Momentes von den Parametern der Konstruktion. Es ist

$$\left.\begin{aligned} \mathfrak{M}(\varphi) &= \mathfrak{M}(\varphi; f, a, r_0, r_v, \lambda, \gamma, \varrho, V, \ldots)\,,\\ d\mathfrak{M} &= \frac{\partial\mathfrak{M}}{\partial\varphi}\,d\varphi + \frac{\partial\mathfrak{M}}{\partial f}\,df + \frac{\partial\mathfrak{M}}{\partial a}\,da + \cdots + \frac{\partial\mathfrak{M}}{\partial V}\,dV + \cdots \end{aligned}\right\} \tag{17}$$

Um eine Abhängigkeit zwischen $d\varphi$ und den übrigen Differentialen zu bekommen, nehmen wir $d\mathfrak{M}$ an der Stelle $\varphi = 0$.

$$d\mathfrak{M}\,(\varphi = 0) = 0\,. \tag{18}$$

Dann bekommt man bei Änderung eines Parameters eine zwangsläufige Änderung $d\varphi$ und damit den gesuchten Zusammenhang zwischen $d\varphi$ und z. B. df. Dazu setzt man die übrigen Parameter jeweils als konstant voraus. Das gibt dann für df

$$d\varphi^f = -\frac{\left(\frac{\partial\mathfrak{M}}{\partial f}\right)_{\varphi=0}}{\left(\frac{\partial\mathfrak{M}}{\partial\varphi}\right)_{\varphi=0}}\,df \tag{19}$$

und analog für die anderen Parameter. Für den Nenner von (19) nehmen wir den Ausdruck (16) und den Zähler berechnen wir aus Gleichung (6) und (8).

Das ergibt für

a) Änderungen der Federkonstante f:

$$d\varphi^f = +N^2\,\frac{df}{f}\,. \tag{20}$$

Die Temperaturabhängigkeit ist

$$\frac{d\varphi^f}{d\vartheta} = +N^2\,\frac{1}{f}\,\frac{df}{d\vartheta}\,, \tag{21}$$

sie steigt also mit N^2. Die Abhängigkeit von der Zeit t (Alterung) ist analog dazu

$$\frac{d\varphi^f}{dt} = +N^2\,\frac{1}{f}\,\frac{df}{dt}\,. \tag{22}$$

b) Änderungen der Länge a:

$$d\varphi^a = +N^2\left(1 + \frac{2\,a \sin\frac{\gamma}{2}}{2\,a\sin\frac{\gamma}{2} - \lambda} - \frac{m\,a\,(\cos\gamma + 1)}{2\,\overline{M}\,r_0 + m\,a\,(\cos\gamma + 1)}\right)\frac{da}{a}\,, \tag{23}$$

$$\frac{d\varphi^a}{d\vartheta} = +N^2\left(1 + \frac{2\,a \sin\frac{\gamma}{2}}{2\,a\sin\frac{\gamma}{2} - \lambda} - \frac{m\,a\,(\cos\gamma + 1)}{2\,\overline{M}\,r_0 + m\,a\,(\cos\gamma + 1)}\right)\alpha(a)\,, \tag{24}$$

$\alpha(a)$ ist der lineare Ausdehnungskoeffizient des Materials von a.

c) Änderungen der Länge r_0 (Schwerpunktverschiebung):

$$d\varphi^{r_0} = -N^2\,\frac{1}{1 + \frac{m\,a}{2\,\overline{M}\,r_0}(\cos\gamma + 1)}\cdot\frac{dr_0}{r_0}\,. \tag{25}$$

Diese Schwerpunktverschiebung kann auch durch die Verschiebung einer Teilmasse mit der Temperatur erfolgen. Das ergibt eine Kompensationsmöglichkeit.

$$\frac{d\varphi^{r_0}}{d\vartheta} = -N^2\,\frac{1}{1 + \frac{m\,a}{2\,\overline{M}\,r_0}(\cos\gamma + 1)}\cdot\alpha(r_0)\,. \tag{26}$$

d) Änderungen der Volumenmittelpunktsentfernung r_v:

$$d\varphi^{r_v} = +N^2\,\frac{V\,\varrho}{\overline{M}\,\frac{r_0}{r_v} + \frac{m\,a}{2\,r_v}(\cos\gamma + 1)}\cdot\frac{dr_v}{r_v}\,, \tag{27}$$

$$\frac{d\varphi^{r_v}}{d\vartheta} = +N^2\,\frac{V\,\varrho}{\overline{M}\,\frac{r_0}{r_v} + \frac{m\,a}{2\,r_v}(\cos\gamma + 1)}\cdot\alpha(r_v)\,. \tag{28}$$

e) Änderungen von λ_z und λ_F

$$d\varphi^{\lambda_z} = -N^2\,\frac{\lambda_z}{2\,a\sin\frac{\gamma}{2} - \lambda}\,\frac{d\lambda_z}{\lambda_z}\,, \tag{29}$$

$$d\varphi^{\lambda_F} = -N^2\,\frac{\lambda_F}{2\,a\sin\frac{\gamma}{2} - \lambda}\,\frac{d\lambda_F}{\lambda_F}\,. \tag{30}$$

f) Änderungen von γ:

$$d\varphi^{\gamma} = +d\gamma\,. \tag{31}$$

g) Änderungen von ϱ:

$$d\varphi^{\varrho} = +N^2\,\frac{1}{\frac{\overline{M}\,r_0}{V\,r_v\,\varrho} + \frac{m\,g\,a\,(\cos\gamma + 1)}{2\,V\,r_v\,\varrho}}\,\frac{d\varrho}{\varrho}\,. \tag{32}$$

h) Änderungen von V:

$$d\varphi^V = + N^2 \frac{1}{\frac{M r_0}{V \varrho r_v} + \frac{m a \cos(\gamma + 1)}{2 V \varrho r_v}} \frac{dV}{V}. \tag{33}$$

i) Änderungen von M^2:

$$d\varphi^M = - N^2 \frac{1}{1 - \frac{V \varrho r_v}{M r_0} + \frac{m a (\cos\gamma + 1)}{2 M r_0}} \frac{dM}{M}. \tag{34}$$

Die den Störungen $d\varphi^j$ entsprechenden Verschiebungen dx^j des Gehänges an der Stelle der mechanischen Begrenzung sind für den VSJ-I

$$dx^j = 570 \cdot d\varphi^j \text{ [mm]}. \tag{35}$$

Die Gleichung (32) gibt die Möglichkeit, die Abhängigkeit von Druck- und Feuchteänderungen und damit von der Wetterlage zu erfassen. Das soll hier jedoch nicht untersucht werden. Die Änderungen $d\varphi^\varrho$ haben nur auf die Aufzeichnung Einfluß, jedoch kaum auf die Nullpunktverschiebung der Gehängepunkte. Sie werden hier vernachlässigt. Es gilt etwa

$$dx^\varrho \leqq 25\ \mu\text{m} \tag{36}$$

für die üblichen Feuchte- und Luftdruckschwankungen an der Station Moxa. Da sich die Messungen am VSJ-I nicht über längere Zeit erstrecken, ist auch nicht mit einem wesentlichen $d\varrho/\varrho$ im Meßergebnis zu rechnen.

Ebenfalls vernachlässigt wird der Term $d\varphi^v$, da hier die Änderungen dV/V sehr klein ist.

Es tritt noch ein Störterm auf, der sich nicht aus der Gleichung (6) für $\mathfrak{M}$ ableiten läßt.

Durch die Ausdehnung der schräggestellten Blattfedern tritt eine Verschiebung des Schwerpunktes r_0 und des Volumenmittelpunktes r_v sowie eine Drehung des Gehänges um r_0 auf. Die dadurch auftretende Modifizierung in $\alpha(r_0)$ und $\alpha(a)$ ist jedoch stets

$$\left.\begin{aligned} \Delta\alpha(r_0) &\leqq 5 \cdot 10^{-3} \cdot \alpha\ \text{(Blattfeder)} \ll \alpha(r_0)\,, \\ \Delta\alpha(a) &\leqq 8 \cdot 10^{-3} \cdot \alpha\ \text{(Blattfeder)} \ll \alpha(a)\,. \end{aligned}\right\} \tag{37}$$

Die Korrekturen sind also mindestens um den Faktor 10^2 kleiner als der Ausgangswert. Sie werden deshalb vernachlässigt.

Wir können zusammenfassend schreiben:

$$\frac{d\varphi}{d\vartheta} = \sum_j \frac{d\varphi^j}{d\vartheta} \qquad j = f, a, r_0, \ldots, M\,, \tag{38}$$

$$\frac{d\varphi}{d\vartheta} = N^2 \left(\frac{1}{f} \frac{df}{d\vartheta} + C_1 \cdot \alpha(a) + C_2 \cdot \alpha(r_0) + \ldots\right), \tag{39}$$

$$\frac{d\varphi}{d\vartheta} = N^2 \cdot \alpha^{\text{seis}}\,. \tag{40}$$

In α^{seis} sind die gesamten thermischen Störgrößen zusammengefaßt.

Wir gehen nun von Differentialen über zu Differenzen, um einen Vergleich mit unseren Messungen zu bekommen, die auf Differenzbildungen fußen. Den dabei auftretenden möglichen Fehler vernachlässigen wir, da wir mit kleinen Differenzen rechnen. Es wird weiter das Gleichheitszeichen verwendet.

$$\Delta\varphi = N^2 \cdot \alpha^{\text{seis}} \cdot \Delta\vartheta \,, \tag{40'}$$

$$\Delta x = N^2 \cdot l_z \cdot \alpha^{\text{seis}} \cdot \Delta\vartheta \,, \tag{41}$$

$$\alpha^{\text{seis}} = \frac{1}{N^2 \cdot l_z} \cdot \frac{\Delta x}{\Delta\vartheta} \qquad [{}^\circ\text{C}]^{-1} \,. \tag{42}$$

Gl. (42) stellt die Grundlage der Messungen dar, l_z ist dabei die Länge des Zeigers d. h., die Distanz Drehpunkt–Gehängeendpunkt (= Zeigerspitze).

Es werden im Labor Temperaturdifferenzen $\Delta\vartheta$ und Verschiebungen Δx für eine bestimmte Feder bei $T_s = 20$ s ($N^2 = 200$) bestimmt und dann nach (42) α^{seis} errechnet. Dann erfolgt eine Mittelwertbildung zusammen mit den folgenden (etwa 10—20) Messungen. Zum Schluß ergibt sich dann ein $(\overline{\alpha^{\text{seis}}})$, das für den richtigen Wert des TK des Seismographen angesehen und gleich α^{seis} in (42) gesetzt wird. Aus (39), (40) folgt

$$\alpha^{\text{seis}} = \frac{1}{f}\frac{df}{d\vartheta} + C_1 \cdot \alpha(a) + C_2 \cdot \alpha(r_0) + C_3 \cdot \alpha(r_v) + C_4 \cdot \alpha(\lambda_z) + C_5 \cdot \alpha(\lambda_F) \,. \tag{43}$$

Die oben besprochenen Vernachlässigungen sind in (43) zur Geltung gekommen, außerdem ist

$$M = \text{const} \tag{44}$$

vorausgesetzt. Dann haben wir eine Bestimmungsgleichung für

$$\frac{1}{f}\frac{df}{d\vartheta} = \alpha(f) \,.$$

$$\frac{1}{f}\frac{df}{d\vartheta} = \alpha^{\text{seis}} - \{C_1 \cdot \alpha(a) + C_2 \cdot \alpha(r_0) + C_3 \cdot \alpha(r_v) + C_4 \cdot \alpha(\lambda_z) + C_5 \cdot \alpha(\lambda_F)\} \tag{45}$$

mit

$$\left.\begin{aligned}
C_1 &= 1 + \frac{2\,a \sin\frac{\gamma}{2}}{2\,a \sin\frac{\gamma}{2} - \lambda} - \frac{m\,a\,(\cos\gamma + 1)}{2\,\overline{M}\,r_0 + m\,a\,(\cos\gamma + 1)}\,, \\
C_2 &= -\frac{1}{1 + \frac{m\,a}{2\,\overline{M}\,r_0}(\cos\gamma + 1)}\,, \\
C_3 &= +\frac{V\,\varrho}{\overline{M}\,\frac{r_0}{r_v} + \frac{m\,a}{2\,r_v}(\cos\gamma + 1)}\,, \\
C_4 &= -\frac{\lambda_z}{2\,a \sin\frac{\gamma}{2} - \lambda}\,, \\
C_5 &= -\frac{\lambda_F}{\frac{\gamma}{2} - \lambda}\,.
\end{aligned}\right\} \tag{46}$$

Aus (43) sieht man, daß die Bedingung für eine Temperaturunabhängigkeit der Nullage des VSJ-I lautet:

$$\alpha(f) + C_1 \cdot \alpha(a) + C_2 \cdot \alpha(r_0) + C_3 \cdot \alpha(r_v) + C_4 \cdot \alpha(\lambda_z) + C_5 \cdot \alpha(\lambda_F) = 0 \,. \quad (47)$$

Die zu erwartenden Resteffekte liegen bei etwa 10^{-7} [°C]$^{-1}$. Da man die Konstruktion eines Seismographen meist vorgegeben hat, so wird man (47) als Bestimmungsgleichung für $\alpha(f)$ betrachten. Kompensation ist erreicht, wenn

$$\alpha(f)^{\text{Komp.}} = - C_1 \cdot \alpha(a) - C_2 \cdot \alpha(r_0) - C_3 \cdot \alpha(r_v) - C_4 \cdot \alpha(\lambda_z) - C_5 \cdot \alpha(\lambda_F) \,. \quad (48)$$

Das Glied $C_3 \cdot \alpha(r_v)$ kann man vernachlässigen, sein Betrag liegt ebenfalls bei $\leq 10^{-7}$ [°C]$^{-1}$. Natürlich wird man versuchen, eine Kompensation von α^{seis} bis auf Null zu erreichen. Das ist jedoch aus später noch zu besprechenden Gründen nicht möglich. Man ist also mit einer Verbesserung des Temperaturverhaltens um den Faktor 10^2 zufrieden und kann mit der Gl. (49) den erforderlichen TK der Feder bestimmen:

$$\alpha(f)^{\text{Komp.}} \approx - C_1 \cdot \alpha(a) - C_2 \cdot \alpha(r_0) - C_4 \cdot \alpha(\lambda_z) - C_5 \cdot \alpha(\lambda_F) \,. \quad (49)$$

Zu den Größen $\alpha(\lambda_z)$ iund $\alpha(\lambda_F)$ ist zu sagen, daß für $\alpha(\lambda_z)$ der TK des Materials der Federbefestigung gilt, für den VSJ-I ist das α(Eisen); für $\alpha(\lambda_F)$ ist es $-\alpha$(Ni-Span-C).

Da die Federn so eingebaut sind, daß $|\lambda_F| = |\lambda_z|$, so ist $|C_4| = |C_5|$. Für den VSJ-I ergibt sich dann mit den Werten

$$\left.\begin{array}{lll} M = 5000\,\text{g}, & r_0 = 420\,\text{mm}, & \gamma < 90^\circ\,, \\ m = 545\,\text{g}, & a \approx 260\,\text{mm}, & \sin\gamma \approx 1\,, \\ \lambda_F \approx -50\,\text{mm}, & \lambda_z \approx 50\,\text{mm}: & \end{array}\right\} \quad (50)$$

$$C_1 \approx 2\,,$$
$$C_2 \approx -1\,,$$
$$C_4 \approx -0{,}14\,.$$

Mit

$$\left.\begin{array}{l} \alpha(\lambda_z) = \alpha(\text{Fe}) = 12{,}3 \cdot 10^{-6}\ (^\circ\text{C})^{-1}\,, \\ \alpha(a) = \alpha(r_0) = \alpha(\text{GAlSi7Cu1}) = 20 \cdot 10^{-6}\ (^\circ\text{C})^{-1}\,, \\ \alpha(\text{Ni-Span-C};\quad 5{,}1\%\ \text{Cr}) = 6{,}3 \cdot 10^{-6}\ (^\circ\text{C})^{-1} \end{array}\right\} \quad (51)$$

wird

$$\alpha(f)^{\text{Komp.}}\ (\text{VSJ-I}) \approx -2 \cdot 20 \cdot 10^{-6} + 1 \cdot 20 \cdot 10^{-6} + $$
$$+ 0{,}14 \cdot 12{,}3 \cdot 10^{-6} - 0{,}14 \cdot 6{,}3 \cdot 10^{-6}\,. \quad (52)$$

Es ergibt sich also durch diese Abschätzung für den erforderlichen TK der Federkonstante der Feder zur Kompensation der Temperaturempfindlichkeit der Wert

$$\alpha(f)^{\text{Komp.}}(\text{VSJ-I}) \approx -19 \cdot 10^{-6} \, [°\text{C}]^{-1} . \tag{53}$$

Der durch die Vernachlässigungen gemachte Fehler beträgt

$$|\Delta\alpha(f)^{\text{Komp.}}(\text{VSJ-I})| \approx 1 \cdot 10^{-6} \, [°\text{C}]^{-1} .$$

Man sieht, daß man mit (47) ein Mittel in der Hand hat, um durch die Wahl der Konstruktion oder der Federdaten eine Verbesserung der Nullpunktkonstanz gegenüber Temperaturschwankungen zu erreichen.

Der zweite Weg zur Kompensation der Temperaturabhängigkeit des Nullpunktes eines langperiodischen Vertikalseismographen beruht auf den folgenden Überlegungen. Aus (26) und (47) folgt, daß die Verschiebung des Schwerpunktes einen wesentlichen Teil der gesamten Temperaturempfindlichkeit ausmacht. Bei vorgegebener Konstruktion liegt die Verschiebung des Schwerpunktes fest. Man wird also eine zusätzliche Vorrichtung an Gehänge anbringen, die bei Temperaturänderungen einen Teil der Masse und damit den Schwerpunkt so verschiebt, daß die Kompensation erreicht wird. Die Änderung $d\varphi$ bei Temperaturschwankungen wird jetzt mit $d\varphi^{\vartheta}$ bezeichnet, die Verschiebung des Schwerpunktes mit dr_0. Es muß gelten

$$d\varphi^{\vartheta} = d\varphi^{r_0} . \tag{54}$$

$$N^2 \cdot \alpha^{\text{seis}} \cdot d\vartheta = - N^2 \frac{dr_0}{r_0} .$$

$$\frac{dr_0}{d\vartheta} = - \alpha^{\text{seis}} \cdot r_0 = \text{const} . \tag{55}$$

Die Änderung von r_0 mit der Temperatur muß eine Konstante sein. Sie hängt nicht von der Eigenperiode T_s des Seismographen ab. Mit

$$\alpha^{\text{seis}} = 2 \cdot 10^{-5} \, [°\text{C}]^{-1} \quad \text{und} \quad r_0 = 420 \, [\text{mm}]$$

wird

$$dr_0 = - 8{,}4 \cdot 10^{-3} \, d\vartheta \left[\frac{\text{mm}}{°\text{C}}\right]$$

und

$$\frac{\Delta r_0}{\text{mm}} = - 8{,}4 \cdot 10^{-3} \frac{\Delta\vartheta}{°\text{C}}$$

für den VSJ-I. Wir gehen wieder zu Differenzen über und setzen das Gleichheitszeichen.

Als Vorrichtung zur Nullpunktverschiebung wählen wir einen U-förmigen Bi-Metallstreifen mit einer veränderbaren Masse an seinem freien Ende [Abb. 4]. Die Verschiebung des freien Endes ist nach [3]:

$$\Delta s = \frac{\varkappa}{h} \, [b^2 - c^2 + 2\, b\, c + 4\, R^2 + 2\, \pi\, R\, b] \, \Delta\vartheta \tag{56}$$

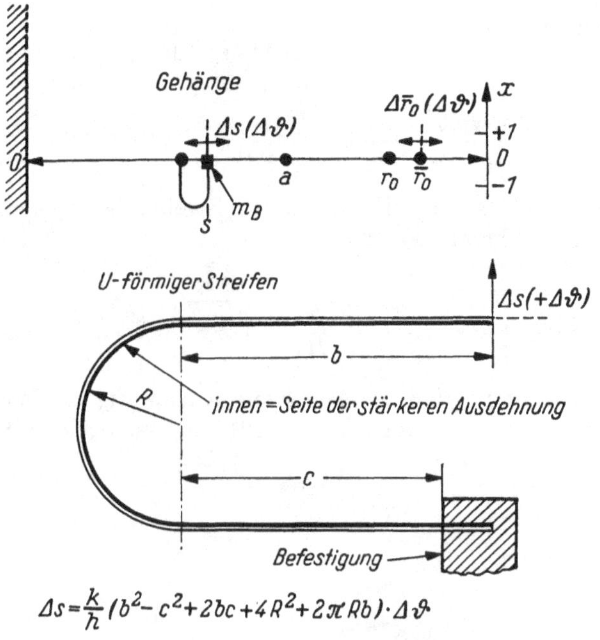

Abb. 4. Bezeichnungen zur Bi-Metall-Kompensationseinrichtung

$\varkappa$ ist für das Material TB 155/78: $\varkappa = 0{,}155 \cdot 10^{-4}$ [°C]$^{-1}$. Die Breite des Streifens ist 50 mm. Die Korrektur der Ausbiegung Δs mit der Breite d ergibt den neuen Wert

$$\Delta s' = \Delta s\left(1 + \frac{d}{4\,l^2}\right) = 1{,}0156 \cdot \Delta s\,. \tag{57}$$

Die Korrektur ist zu vernachlässigen. Wir rechnen weiter mit Δs. Der Schwerpunkt des „U" bleibt etwa in Ruhe, so daß die Masse des Streifens nicht berücksichtigt werden muß.

Wir denken uns nun den Streifen am Gehänge befestigt und das Gehänge in Nullage. Wenn wir jetzt eine Masse m_B am freien Ende des Streifens im Abstand s von der Drehachse entfernt befestigen, so ist der neue Schwerpunkt

$$\bar{r}_0 = \frac{M\,r_0 + s \cdot m_B}{M + m_B}\,. \tag{58}$$

Das Gehänge sei dabei durch Änderung der Federkraft wieder in die Nullage gebracht worden. Dann ist

$$d\bar{r}_0 = \frac{m_B}{M + m_B}\,ds \tag{59}$$

und

$$\Delta\bar{r}_0 = \frac{m_B}{M + m_B}\,\Delta s\,. \tag{60}$$

(55) wird dann zu

$$\Delta \bar{r}_0 \approx -\alpha^{\text{seis}} \cdot \bar{r}_0 \cdot \Delta \vartheta \tag{55'}$$

und

$$\frac{\Delta s}{\Delta \vartheta} = -\frac{\alpha^{\text{seis}} \cdot \bar{r}_0 (M + m_B)}{m_B}, \qquad \frac{\Delta s}{\Delta \vartheta} = -\alpha^{\text{seis}} \cdot \frac{M r_0 + s \cdot m_B}{m_B}. \tag{61}$$

Uns interessiert die Masse m_B, die wir an dem Streifen befestigen müssen, damit der vorhandene α^{seis} kompensiert wird.

$$m_B = \frac{-\alpha^{\text{seis}} \cdot M r_0}{\frac{\Delta s}{\Delta \vartheta} + s \cdot \alpha^{\text{seis}}}. \tag{62}$$

Da Δs so eingerichtet ist, daß die Änderung gegenläufig zur Wirkung von α^{seis} erfolgt, so kann man das Vorzeichen in (62) weglassen und mit positivem Δs rechnen:

$$m_B = \frac{\alpha^{\text{seis}} \cdot M r_0}{\frac{\Delta s}{\Delta \vartheta} + s \cdot \alpha^{\text{seis}}}. \tag{63}$$

Wegen

$$s \cdot \alpha^{\text{seis}} \approx 10^{-2} \cdot \frac{\Delta s}{\Delta \vartheta} \ll \frac{\Delta s}{\Delta \vartheta} \tag{64}$$

kann man schreiben

$$m_B = \frac{\alpha^{\text{seis}} \cdot M r_0}{\frac{\Delta s}{\Delta \vartheta}}. \tag{65}$$

Das ist die Bestimmungsgleichung für m_B bei bekanntem α^{seis} und bekannten Konstruktionsdaten. (64) zeigt, daß es in praxi nicht darauf ankommt, wo die Kompensationseinrichtung am Gehänge befestigt ist.

Abb. 5 zeigt (65) als Diagramm. Bei vorliegendem α^{seis} kann man die erforderliche Kompensationsmasse m_B aus der Kurve (I) ablesen. Das ergibt für $\alpha^{\text{seis}} = 2{,}5 \cdot 10^{-5}$ $(^\circ\text{C})^{-1}$ ein $m_B = 204$ g. Im Versuch zeigte es sich, daß mit dieser Masse schon eine Überkompensation erreicht wurde; der Seismograph hatte jetzt einen negativen Temperaturkoeffizienten.

Der Grund dafür ist die Veränderung der spezifischen Ausbiegung $\varkappa$ des Bimetallstreifens während der Kaltverformung. Es lag ein Streifen der Länge $l_{\text{Bi}} = b + c + \pi R = 200$ mm vor, der zu dem „U" kalt verformt wurde. Man muß also in (56) mit einem korrigiertem $\varkappa$ rechnen. Abb. 5 zeigt die korrigierte Kurve (II). Das neue $\varkappa$ wurde folgendermaßen gewonnen. Nach Abb. 4 wurde der U-förmige Streifen am Gehänge befestigt und mit verschiedenen Massen m_{B} versehen. Dazu wurde jeweils der sich ergebende neue TK gemessen. Der Mittelwert der Einzelmessungen wurde in ein Diagramm eingetragen (Abb. 6). Daraus ergab sich die Kompensationsgerade

$$\alpha^{\text{seis}} = 2{,}5 \cdot 10^{-5} - 1{,}8 \cdot 10^{-7} \cdot m_B \; [^\circ\text{C}]^{-1}. \tag{66}$$

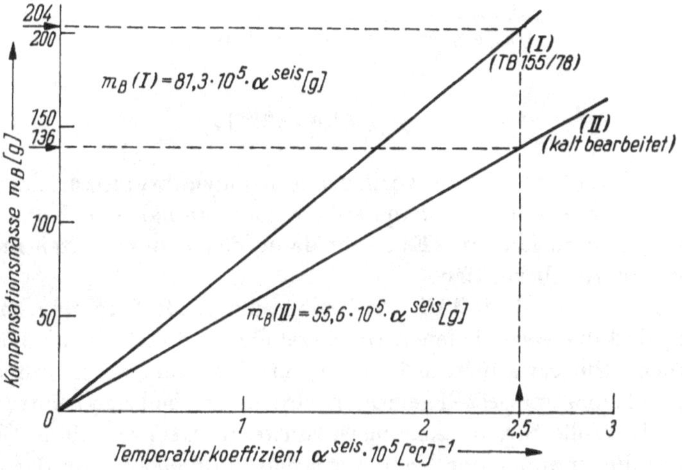

Abb. 5. Diagramm zur Bestimmung der Kompensationsmasse m_B

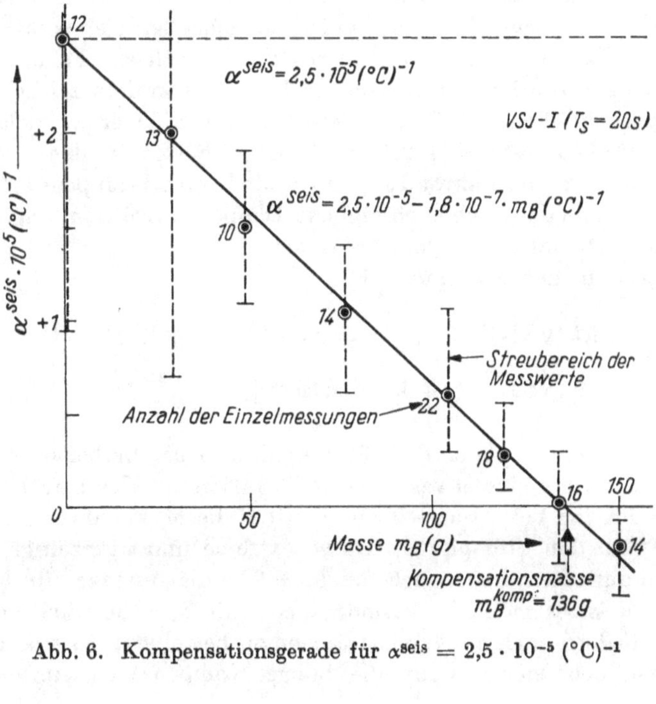

Abb. 6. Kompensationsgerade für $\alpha^{seis} = 2{,}5 \cdot 10^{-5}$ (°C)$^{-1}$

Die korrigierte Bestimmungsgleichung für m_B lautet:

$$m_B = 55{,}6 \cdot 10^5 \cdot \alpha^{\text{seis}} \text{ [g]} \qquad (67)$$

statt zuvor

$$m_B = 81{,}3 \cdot 10^5 \cdot \alpha^{\text{seis}} \text{ [g]} . \qquad (68)$$

Mit (67) kann man jetzt für die vorliegende Kompensationseinrichtung m_B für die Kompensation bestimmen, ohne später noch einmal eine Kompensationsgerade aufnehmen zu müssen. Es reicht dann, das Restverhalten im kompensierten Zustand zu überprüfen.

Man sieht aus Abb. 6, daß die Meßwerte eine große Streuung haben. Das liegt daran, daß die verschiedenen Gehängeteile unterschiedliche Wärmekapazitäten haben. Sie erwärmen sich dann um $\Delta\vartheta^j$. Da jedoch nur ein $\Delta\vartheta$ in Federnähe und eines am Gestell gemessen wird, so ergeben sich bei der Rechnung mit diesem $\Delta\vartheta$ große Streuungen im Gesamttemperaturverhalten. Es interessiert bei der Beurteilung der Temperaturempfindlichkeit nur der Ausschlag des Seismographen in Abhängigkeit von der Raumtemperaturveränderung. Bei langsamen Änderungen ist die Erwärmung der einzelnen Teile gleichmäßiger, bei schnellen Änderungen erwärmen sich die Gehängeteile schneller als das Gestell. Es wird also auch ein im Mittel kompensierter Seismograph noch im Einzelnen einen unterschiedlichen positiven und negativen TK aufweisen.

Abb. 7 zeigt das sehr deutlich. Während schneller Temperaturstörungen (Aufheizen im Raum um mehrere °C) stellt sich noch ein Fehlausschlag ein. Es ergibt sich ein von Null verschiedener TK, der von dem zeitlichen Temperaturgradienten abhängt. Bei den Messungen (Abb. 7) ergab sich ein arithmetisches Mittel von $\overline{\alpha^{\text{seis}}} = +2{,}4 \cdot 10^{-7}\,(^\circ\text{C})^{-1}$. Selbst in den „Störspitzen" ist der TK noch um den Faktor 10 geringer als beim unkompensierten Seismographen. Man kann demnach auch tägliche Temperaturschwankungen zulassen, die mindestens 10 mal größer sind als zuvor.

Es wird also aus der Bedingung [1]

$$|\Delta\vartheta\ (\text{VSJ-I};\ 20\text{ s};\ \alpha^{\text{seis}} = 2{,}5 \cdot 10^{-5}\,(^\circ\text{C})^{-1})| \leqq 1\ ^\circ\text{C}: \qquad (69)$$

$$|\Delta\vartheta\ (\text{VSJ-I};\ 20\text{ s};\ \text{kompensiert})| \approx 10\ ^\circ\text{C}\,. \qquad (70)$$

Bei einer Abstimmung mit $T_s = 30$ s ergab sich bei Beibehalten der Kompensationseinrichtung eine etwas stärkere Reaktion auf Temperaturstörungen; der mittlere TK lag bei etwa $+9 \cdot 10^{-7}\,(^\circ\text{C})^{-1}$, die Maximalwerte lagen unter $4 \cdot 10^{-6}\,(^\circ\text{C})^{-1}$ in den Störspitzen. Da so extreme und kurzzeitige Störungen jedoch kaum auftreten, kann auch für $T_s = 30$ s die Aussage (70) beibehalten werden. Somit ist es möglich, Seismographen mit $T_s = 30$ s und den zur Zeit eingesetzten Federn auch an Außenstationen zu betreiben. Es sind dann keine Klimaanlagen mehr nötig, wenn die billige Kompensationseinrichtung verwendet wird.

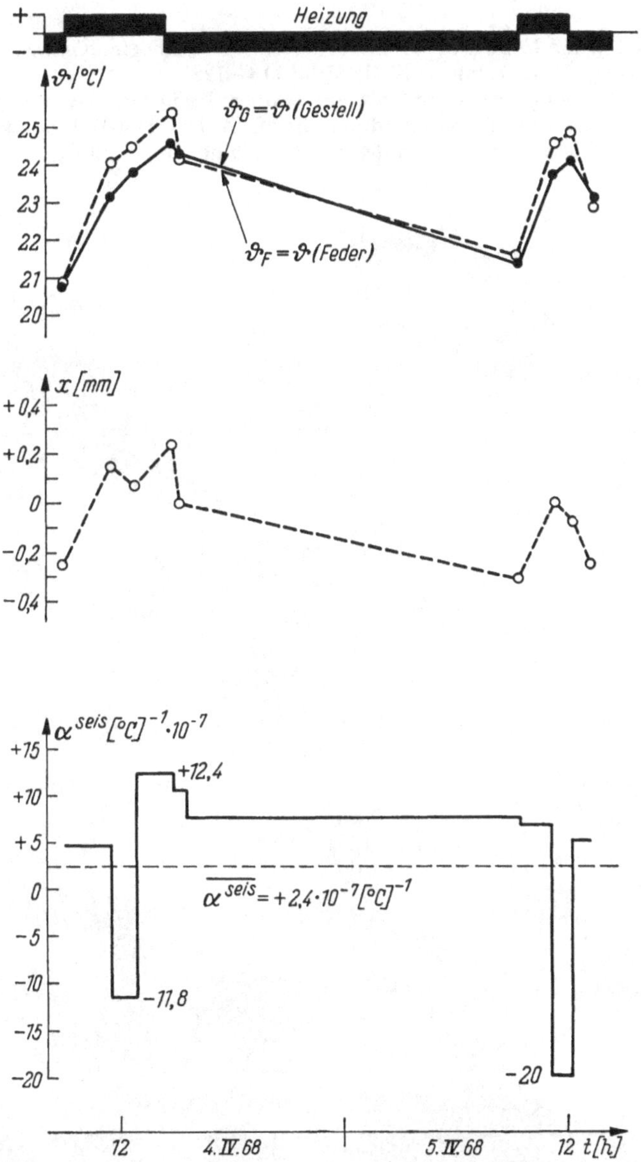

Abb. 7. Verhalten des kompensierten VSJ-I bei Temperaturänderungen $- T_s = 20$ s

Literatur

[1] Teupser, Ch. und Ullmann, W., Ein neuer Vertikalseismograph mit galvanometrischer Registrierung. Z. f. Geophys. **29** (1963) 3, 115–122.
[2] Lindner, W., Temperatur- und Driftverhalten von Meßfedern, in: Berichte aus Theorie und Praxis, Institut für Standardteile, K.-M.-Stadt **7** (1966) 1. Sonderheft, 21–25.
[3] Kašpar, F., Thermobimetalle in der Elektrotechnik, Berlin 1960.

К вопросу об оценке магнитуды землетрясений по наблюдениям короткопериодной аппаратуры на сейсмических станциях СССР

Н. В. Кондорская[1]), И. В. Федорова[1])

Abstract

Possibility of use of an unified calibration curve for magnitude estimation by records of short period instruments is analysed. Results of comparison of calibration curves by observations of the Soviet seismological stations „Frunze" and "Kirovabad" with broad stripe and short period instruments are given.

It is shown that for practical determination of magnitude by records of short period instruments in the first approximation a correction should be introduced into the unified calibration curve at an average by 0.3 unit of magnitude. Nevertheless, in connection with the fact that difference has been revealed into calibration functions depending upon an epicentral distance and a magnitude level, necessity of construction of a special calibration curve for the magnitude estimation by observations of short period instruments is pointed out.

Резюме

Анализируется возможность использования унифицированной калибровочной кривой для оценки магнитуды на основании записей короткопериодной аппаратуры. Приводятся результаты сопоставления калибровочных кривых по наблюдениям опорных сейсмических станций СССР „Фрунзе" и „Кировабад" на широкополосной и короткопериодной аппаратуре. Показано, что для практического определения магнитуды на основании записей короткопериодной аппаратуры в первом приближении следует вводить поправку в унифицированную калибровочную кривую в среднем на 0,3 единицы магнитуды. Однако в связи с тем, что обнаружено различие в калибровочных функциях в зависимости от эпицентрального расстояния и уровня магнитуды, указано на необходимость построения специальной калибровочной кривой для оценки магнитуды по наблюдениям на короткопериодной аппаратуре.

Введение

Для регистрации слабых землетрясений, происходящих как на территории СССР, так и в других сейсмоактивных районах, на сейсмических станциях СССР внедрена короткопериодная аппаратура типа СКМ-3.

---

[1]) Институт физики Земли АН СССР, Москва.

В связи с этим увеличилось количество регистрируемых землетрясений и расширились возможности по локализации их очагов. Однако при определении магнитуды землетрясений возник вопрос о правомочности определения магнитуды по записям короткопериодной аппаратуры (узкополосной) с применением унифицированных калибровочных кривых, составленных для широкополосной аппаратуры и приведенных в работе И. Ванек и др. [2].

Изучение соотношений энергии колебаний в волне Р по различным участкам спектра приведены в работах С. Л. Соловьева и А. И. Минина [6], Н. В. Кондорской и др. [4], а также К. Касахара [3], К. Аки [1], Л. Христосков [7]. Из этих работ следует, что с ростом магнитуды длиннопериодная часть спектра растет быстрее и заключает большую часть энергии землетрясения, т. е. положение наиболее представительной части спектра для каждого энергетического класса меняется. Для волны P каждого землетрясения существует зависимость скорости колебаний грунта $A/T = f(T)$, хотя она слабее зависит от T, чем амплитуда колебаний $A = f(T)$. Рост амплитуды даже определенной части спектра происходит нелинейно с ростом магнитуды.

На основании этих результатов возможно ожидать различие в калибровочных функциях для записей аппаратуры различных типов.

Целью настоящей работы являлось рассмотрение этого вопроса на основании анализа записей землетрясений на сейсмических станциях СССР, оборудованных одновременно как широкополосной, так и копоткопериодной аппаратурой.

Методика

Выбранная методика основана на сопоставлении колебательной скорости в различных частях спектра P-волны. За основу была принята указанная выше унифицированная калибровочная финкция. Для отдельной станции по каждому типу прибора (широкополосной и короткопериодной) проводилось два независимых определения отношения амплитуд и периодов в различных частях спектра:

$$M_{PV} = \lg (A/T)_{PV} + \beta + \Sigma \delta M \quad (1)$$

$$M_{PV'} = \lg (A/T)_{PV'} + \beta' + \Sigma \delta M' \quad (2)$$

где (1) — относится к приборам СК, а (2) — к СКМ-3;

β — унифицированная калибровочная функция.

β' — калибровочная функция для короткопериодной аппаратуры.

$\Sigma \delta M$ и $\Sigma \delta M'$ — суммы систематических ошибок, не учитываемых калибровочной функцией, в данной работе считались равными.

При предположении, что величина магнитуды, оцениваемая на основании записи приборами СК и СКМ-3, должна быть одинаковой ($M_{PV} = M_{PV'}$), можно определить различие в калибровочных кривых, определяемых соотношением:

$$\alpha = \beta' - \beta = \lg (A/T)_{PV} - \lg (A/T)_{PV'} \tag{3}$$

При таком подходе является особенно важным вопрос о выборе участков P волны, для которых производятся измерения максимума A/T по двум типам аппаратуры.

Известно, что форма записи волны P чрезвычайно многообразна, что может быть обусловлено различиями механизма очагов, включая длительность процесса вспарывания в зоне очага, особенностями путей распространения сейсмических волн и др. Анализ записей P волны приборами, использованными в настоящей работе (СК и СКМ-3), частотные характеристики которых приведены на фиг. Iа, б, подтвердил широкое многообразие форм их цугов. Однако есть возможность несколько систематизировать наблюдения в соответствии с характером записи P-волны, основываясь на различии во времени наступления первого максимума, независимо от типа аппаратуры и места расположения станции. Все записи возможно расклассифицировать в три основных типа:

I тип — резкое первое вступление ($i\ P$), с амплитудой смещения, достигающей максимума на 3—5 экстремуме, что соответствует 4—8 сек от начала записи (фиг. 2—I,I′). Следует отметить, что на записи канала СКМ-3 время максимальной фазы наступает несколько раньше в связи с различием в фазовых характеристиках сейсмографов (фиг. 1а).

II тип — амплитудный максимум также примерно на 4—8 сек, однако первое вступление осложнено дополнительным короткопериодным наложением (фиг. 2—2,2′).

III тип — нарастание амплитуды смещений в цуге колебаний происходит более медленно, чем в I и II типах и достигает максимума через 8—10 сек (фиг. 2—3,3′).

Помимо этих типов встречается форма цуга Р-волны в виде длиннопериодных колебаний (T = 13—16 сек) (фиг. 2—4).

Наиболее характерными для рассмотренных случаев является I тип (~ 70%). Остальные распределяются следующим образом: II тип — 20%, III и IУ типы встречаются сравнительно редко (5—10%), при этом записи землетрясений III типа характерны для землетрясений с большой магнитудой.

Анализ большого количества экспериментального материала позволил сделать следующие выводы:

1. Как на записях широкополосной аппаратуры, так и короткопериодной максимальные значения A/T находятся в пределах пер-

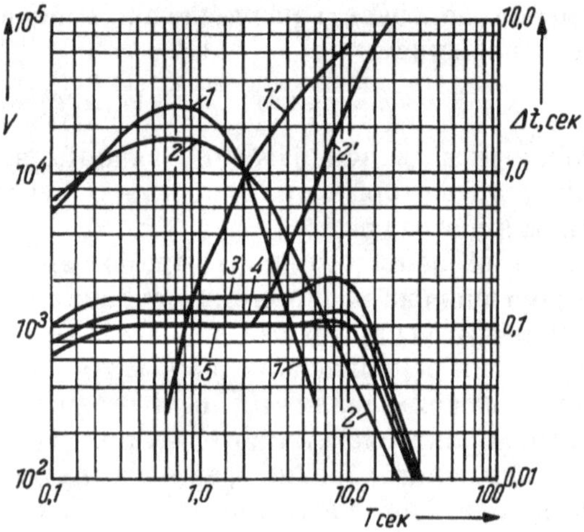

а

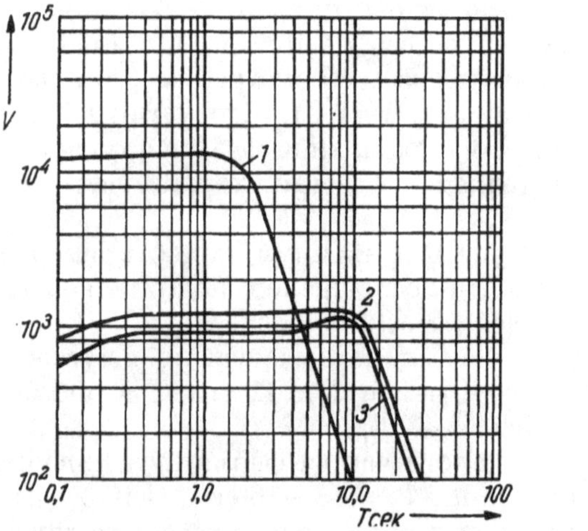

б

Фиг. 1. Частотные характеристики сейсмографов.

а. С/ст. „Фрунзе"; 1. СВКМ — 1965 г, 2. СВКМ — 1962—64 гг, 3. СВК — 1962 г, 4. СВК — 1964 г, 5. СВК — 1965 г, 1' — фаз. характ. СКМ-3, 2' — фаз. характ. СК

б. С/ст. „Кировабад"; 1. СВКМ, 2. СВК — 1964 г, 3. СВК — 1962—63 г

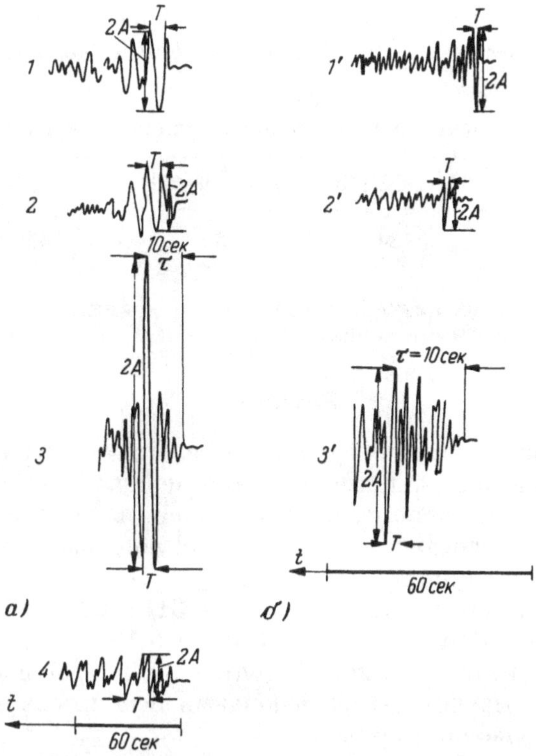

Фиг. 2. Примеры форм первых вступлений P-волны.
а. Записи прибором СК; б. Записи прибором СКМ-3.
1.1′ — I тип; 2,2′ — II тип; 3,3′ — III тип

вых 20 секунд от начала записи, что было отмечено также в работе И. Л. Нерсесова и др. [5].

2. В цуге первых вступлений продольной волны не обнаружено наличия дисперсии. В связи с этим выбор участков для измерения максимальных величин A/T осуществлялся в одно и то же время по записям широкополосной и короткопериодной аппаратуры в пределах 20 секунд от начала записи.

Использованные материалы

Анализировались данные двух опорных сейсмических станций СССР – ,,Фрунзе'' и ,,Кировабад'', оборудованных широкополосными приборами типа (СК) и короткопериодными приборами типа (СКМ-3) (фиг. 1а, б).

Рассмотрены записи 207 землетрясений различных очаговых зон, их распределение по магнитудам приведено в таблице 1.

Таблица 1
Распределение землетрясений по уровню магнитуды*)

С/ст	$4^1/_2 < M \leq 5^1/_2$	$5^1/_2 < M \leq 6^1/_2$	$6^1/_2 < M > 7$	Всего
Фрунзе	34	39	45	118
Кировабад	22	39	28	89

*) M — средняя магнитуда, оцененная по данным наблюдений станций СССР над поверхностными волнами.

Результаты

1. Независимо от эпицентрального расстояния, уровня магнитуды рассчитывались осредненные значения величины α. Оказалось, что во всех случаях α является положительной величиной.

На основании осреднения всех данных получены следующие величины для обеих станций: $\alpha_{cp} = 0{,}28 \pm 0{,}18$

Для станции ,,Кировабад'': $\alpha_{cp} = 0{,}31 \pm 0{,}20$

Для станции ,,Фрунзе'': $\alpha_{cp} = 0{,}24 \pm 0{,}16$

Указанные средние величины поправок следует вводить при расчете величины магнитуды на основании использования унифицированной калибровочной кривой.

2. Для выяснения различия в калибровочных кривых для различных интервалов эпицентральных расстояний рассчитывались величины α, (по формуле 3). Для всех землетрясений различного энергетического уровня построена осредненная кривая $\beta' = f(\Delta)$ и определены доверительные интервалы осредненных экспериментальных значений в отдельных участках этой кривой. Результаты приведены на фиг. 3. Как видно из фиг. 3, расхождение калибровочной кривой β' с унифицированной кривой β изменяется с увеличением эпицентрального расстояния. А именно, это расхождение увеличивается не монотонно, имеют место градиентные осцилляции на отдельных интервалах эпицентральных расстояний. (Так, имеет место некоторое уменьшение примерно на 70°.)

Для более четкого выявления этих особенностей необходим дополнительный наблюдательный материал.

3. Для выяснения различия в калибровочных кривых для различного уровня магнитуд экспериментальные данные разделены на 3 группы:

1) $4^1/_2 < M \leqq 5^1/_2$;
2) $5^1/_2 < M \leqq 6^1/_2$
3) $6^1/_2 < M > 7$.

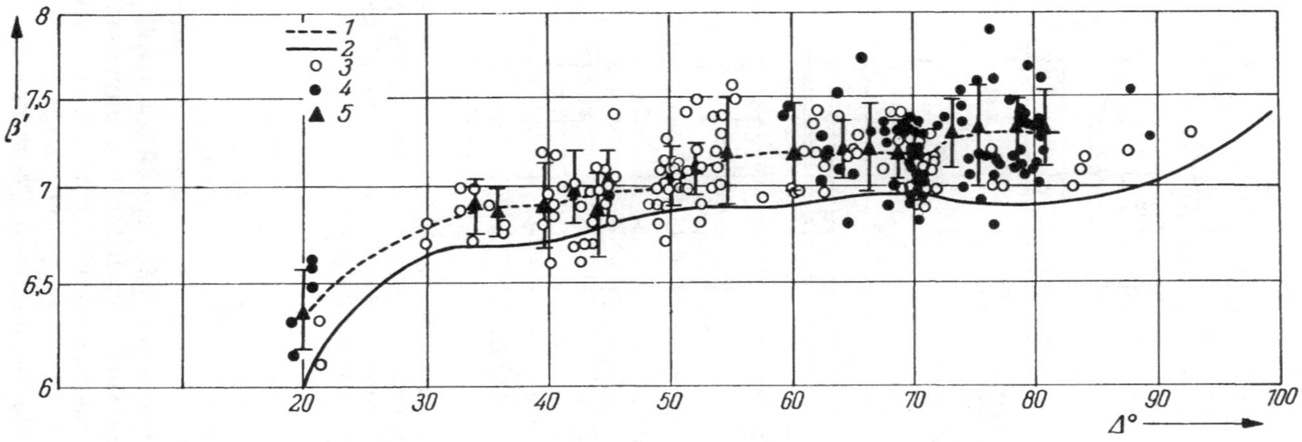

Фиг. 3. Калибровочная функция $\beta'(\Delta)$ для короткопериодной аппаратуры.

1. Калибровочная кривая для прибора типа СКМ-3, 2. Калибровочная кривая для прибора типа СК, 3. Индивидуальные значения β' лдя с/ст. „Фрунзе", 4. Индивидуальные значения β' для с/ст. „Кировабад", 5. Осредненные значения β' на основании 3 и 4

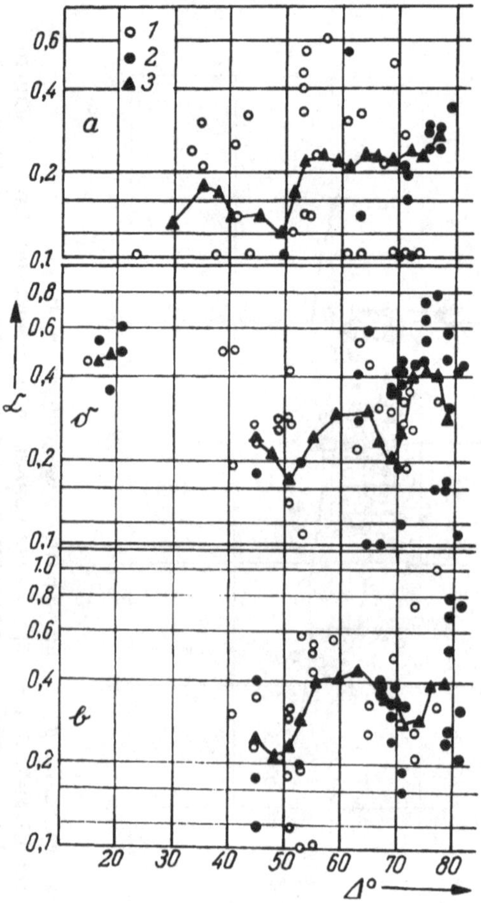

Фиг. 4. а, б, в. Зависимость $\alpha = f(M)$: а) $4^1/_2 < M \leq 5^1/_2$, б) $5^1/_2 < M \leq 6^1/_2$, в) $6^1/_2 < M > 7$; 1. Экспериментальные значения α для с/ст. „Фрунзе", 2. Экспериментальные значения α для с/ст. „Кировабад", 3. Осредненные значения по интервалам

На фиг. 4 показаны кривые для различных уровней магнитуд, построенные на основании осреднения экспериментальных значений величин α методом скользящих интервалов.

Как видно, представительным является лишь сравнительно небольшой участок эпицентральных расстояний ($\Delta = 50°-80°$). Несмотря на довольно большой разброс экспериментальных данных можно обнаружить величины α для различных уровней магнитуд.

С ростом магнитуды величина α увеличивается (на эпицентральных расстояниях 50—70° для землетрясений больших магнитуд ($M\ 6^1/_2$) ее величина достигает 0,4).

Как видно из фиг. 4, осцилляционные особенности в величине $\beta' = f(\Delta)$ также отчетливо проявляются и при разделении данных по различным уровням магнитуды.

Выводы

1. При оценке магнитуды по измерениям $\lg A/T$ в группе P-волн прибора СКМ-3 в качестве первого приближения можно использовать калибровочную кривую широкополосной аппаратуры с введением поправочного коэффициента $+0{,}28$.

2. Для более точной оценки величины магнитуды на основании данных короткопериодной аппаратуры могут быть рекомендованы полученные кривые $\beta' = f(\Delta)$.

3. Необходима дальнейшая работа по построению специальной калибровочной кривой для короткопериодных приборов. При этом важным является также учет систематических станционных ошибок $\Sigma\,\delta M$ (1), которые могут быть различны для одной и той же станции при определении на записях двух типов аппаратуры за счет различного влияния резонансных характеристик среды.

Авторы выражают благодарность С. Х. Баграмяну за участие в обработке материала наблюдений станции «Кировабад», Н. А. Введенской и О. Н. Соловьевой за обсуждение и ценные советы.

Литература

[1] Aki, K., Scaling Law of Seismic Spectrum. Journal of Geophysical Research, **72**, No. 4 (1967).

[2] Ванек, И., Затопек, А., Карник, В., Кондорская, Н. В., Ризниченко, Ю. В., Саваренский, Е. Ф., Соловьев, С. Л. и Шебалин, Н. В., Стандартизация шкалы магнитуд. Изв. АН СССР, сер. геофиз., № 2 (1962).

[3] Касахара, К., Спектры сейсмических колебаний. Сб. Слабые землетрясения. М. 1961 г.

[4] Кондорская, Н. В., Павлова, Л. Н., Пустовитенко, А. Н. и Соловьев, С. Л., Некоторые результаты изучения спектров продольных волн дальневосточных землетрясений. Изв. АН СССР, физика Земли, № 1 (1967).

[5] Нерсесов, И. Л., Раутиан, Т. Г., Халтурин, В. И. и Ризниченко, Ю. В., Инструкция по динамическим измерениям на сейсмограммах. Тр. ИФЗ, Вопросы инженерной сейсмологии, вып. 5, № 17 (1961) 184.

[6] Соловьев, С. Л., и Минин, А. И., Соотношение между амплитудами и периодами продольных волн при землетрясениях. Изв. АН СССР, физика Земли, № 10 (1965).

[7] Christoskov, L., Magnitude-dependent calibrating function of surface waves for Sofia. Studia Geophysica et Geodaetica **4**, Roĉnika (1965).

Bestimmung von Erdbebenmagnituden aus Aufzeichnungen eines Geschwindigkeitsseismographen

CH. TEUPSER[1]) und J. STELZNER[1])

Zusammenfassung

Zwei elektrodynamische Seismographen vom Typ HSJ-I, gekoppelt mit kurzperiodischen Galvanometern, registrierten die Geschwindigkeit der Bodenbewegungen an der seismischen Station Moxa. Aus diesen Aufzeichnungen ist es möglich, die Magnitude eines Erdbebens zu berechnen, ohne die Periode der Bodenbewegung besonders zu bestimmen. Die Ergebnisse einer solchen Magnitudenbestimmung werden verglichen mit den Ergebnissen, welche nach den üblichen Verfahren aus den Verrückungsaufzeichnungen von kurz- und langperiodischen Seismographen erhalten wurden.

Originalarbeit: Determination of Magnitude by Use of Seismographs Recording Ground Velocity. PAGEOPH 72 (1969), 72–75

[1]) Institut für Geodynamik der Deutschen Akademie der Wissenschaften zu Berlin, Jena.

The Problem of Station Corrections for Magnitude Determination

Jiří Vaněk[1])

Резюме

Станционные поправки имеют большое значение для точного определения магнитуды землетрясений и для изучения динамики разного типа сейсмических волн. Предлагается метод для создания оптимальной системы станционных поправок в сети станций, определяющих магнитуду землетрясений.

The aim of this paper is to emphasize the importance of station corrections for both the amplitude studies and precise magnitude determinations.

It is well known that amplitude observations at two different stations ar- generally incomparable. This is caused by several factors: by different lithological composition under the stations, by broader geological structure of the region, by type and state of instruments, by the method of determining the instrumental constants and by other influences. If we wish to combine amplitude observations of several seismic stations, it is necessary to homogenize these observations. The simplest method of homogenization represents the determination of appropriate station corrections. In this case the station influences on the amplitudes of seismic waves are expressed by an integral constant, which occurs as a correcting term in the magnitude equation, i. e.

$$M = \log (A/T) + \sigma(\Delta) + S\,. \qquad (1)$$

Here M = magnitude, A = maximum ground amplitude of the wave considered, T = corresponding period, $\sigma(\Delta)$ = calibrating function, Δ = epicentral distance, S = station correction. In such a definition the station correction S is a relative quantity and must be related to some standard or basic value.

Let us have a network of seismic stations at which a set of earthquakes was observed. With regard to the way how the standard value is chosen the station corrections for the stations of the network can be determined by two different methods.

In the first method one station of the network is chosen as the basic or standard station; by comparing the amplitude observations of other stations with standard one we are able to estimate the station corrections of all the stations of the network relating the standard station.

In the second method we determine the magnitude at all stations of the network, compute its mean value and estimate the differences between this value

[1]) Geophysical Institute, Czechosl. Acad. Sci., Prague.

and the magnitude values obtained at individual stations. By averaging the differences the station corrections can be then determined.

Both methods have been applied by several authors and it may seem that there is perhaps no substantial difference between them. However, in practical use, the first method is more correct and more prospective than the second one. Although the second method seems to be simpler and no standard station must be a priori chosen, it depends always on the set of earthquakes and on the internal structure of observations, on the basis of which the station corrections are determined. Therefore the standard value, to which all the amplitude observations are related, is not clearly and uniquely defined. If serious attempts of the world-wide determination of station corrections should be undertaken, the first method must be strongly recommended.

The question of the laborious task of the realization of such a world-wide network of stations with comparable amplitude observations may be perhaps of interest. It seems to be reasonable to divide this procedure into two steps:

1. the estimation of station corrections for a network of continental dimensions, and
2. the estimation of station corrections for regional networks of near stations with one basic station, which is included into the continental network of stations.

For the continental network a system of reliable stations must be chosen, the distances between the neighbouring stations being 15°–20°. This distance interval has several advantages. The first advantage is that the number of stations belonging to the continental network remains in reasonable limits, e.g. about 20 stations would be sufficient for the Eurasian continent; the second advantage of such a selection of stations is that in most cases a set of earthquakes can be found so that their distances from two neighbouring stations are in the range between 60° and 80°; this enables a direct comparison of amplitude observations without the application of magnitude calibrating functions for body waves [1, 2]. After selecting one station of the network as standard one we can successively estimate by the step-by-step method the station corrections for all the stations of the network.

In regional networks, the distances between individual stations should not exceed 10°; again, if a set of earthquakes can be found, the distances of which are in the range between 60° and 80° from the network investigated, we can directly compare the amplitude observations for body waves with those at the basic station [1]. Thus we have for the station correction S for the station k and the wave type j

$$S_j^k = \frac{1}{n} \sum_{i=1}^{n} \left\{ \log \frac{A_{j,i}^0}{T_{j,i}^0} - \log \frac{A_{j,i}^k}{T_{j,i}^k} \right\}, \quad (2)$$

where zero denotes the observations at the basic station.

In this way a world-wide system of stations with homogeneous mutually comparable amplitude observations could be gradually created.

It must be also emphasized that the station corrections depend usually on the frequency spectrum of seismic waves and can have different values for instruments with different frequency characteristics recording at the same station. This aspect must be taken into account when estimating station corrections.

We have observed that the application of appropriate station corrections can change the value of the mean magnitude for an individual earthquake by 0.3 magnitude units and substantially decrease the mean error of this value, that means to increase the precision of magnitude determinations. Applying the station corrections to the network of eight Caucasian stations the mean error in the magnitude determination from body waves decreased usually about 50% [3].

References

[1] VANĚK, J., Amplitude curves of seismic body waves for the region of Asia Minor. Travaux Inst. Géophys. Acad. Tschécosl. Sci., No. 246, Geofysikální sborník, **14** (1966) 125–245.

[2] VANĚK, J. and STELZNER, J., The problem of magnitude calibrating functions for body waves. Annali di Geofisica, **13** (1960) 393–407.

[3] VANĚK, J. i TSKHAKAYA, A., Stancionnye popravki dlya opredeleniya magnitud po obyemnym volnam na nekotorykh stanciyakh Kavkaza. Izvestiya AN SSSR, Fizika Zemli, 1967, No. 7, 29–32.

Возможности унифицирования магнитудных определений, в частности для коротких эпицентральных расстояний

Людмил Христосков[1])

Zusammenfassung

In der Arbeit werden Fragen der Möglichkeit einer Vereinheitlichung von Magnitudenbestimmungen insbesondere für kleine Epizentralentfernungen untersucht. Magnitudenbestimmungen für kleine Entfernungen erfolgen an wenigen seismischen Stationen der Welt, und die Endresultate dieser Bestimmungen sind wegen Unterschieden in den Methoden, den Eichfunktionen, den Registrierungen und den Seismographentypen schwer vergleichbar. Auf der Grundlage einer standardisierten Eichfunktion wurden die Standardwerte der Eichfunktionen für die Wellen PH, SH, PgH, SgH, PbH und SbH berechnet. Es werden Fragen der Standardisierung von Magnitudenbestimmungen für Oberflächenwellen auch mit Hilfe der Schwingungsdauer auf den Seismogrammen erörtert. Es wurde hierbei ein einheitliches System für die Magnitudenabschätzung bei nahen und weiten Entfernungen erreicht.

В последнее время все больше внимания уделяется разными исследователями вопросам, связанным с определением магнитуды на расстояниях, меньших 20°. Это, очевидно, связано, с одной стороны, с необходимостью решения практических задач для изучения сейсмического режима отдельных областей, где одним из основных параметров является магнитуда (энергия) землетрясений и, с другой стороны, для нормирования «динамических параметров» сейсмических волн, чтобы было возможно их объективно использовать в исследовании строения земной коры и верхней мантии.

Автор не считает нужным и возможным делать обзор всех работ по определению магнитуды на коротких расстояниях. Подробную библиографическую справку можно найти, например, в следующих книгах и работах [1—5]. Нужно только отметить, что уровень теоретических и экспериментальных работ по определению общей энергии, излученной из очага, пока не разрешает перейти к созданию единой стандартной методики для вычисления энергии землетрясений. До тех пор, пока не будет создана такая методика, магнитудные шкалы для коротких расстояний будут иметь очень важное значение.

Определение понятия «магнитуда» с физической точки зрения является сравнительно сложной задачей. Это особенно относится к

[1]) Геофизический институт Болгарской Академии Наук, София, Московская 6.

шкалам, использующим логарифм максимальной амплитуды сейсмических волн ($\lg A$). Начало, как известно, положено еще в 1935 г. РИХТЕРОМ [6]. За тридцать лет шкала РИХТЕРА получила широкое распространение, но из-за некоторых известных и существенных недостатков и ограницщений сейчас она меньше применяется.

Для магнитудных шкал, использующих логарифм максимальной реальной скорости колебания (с точностью до 2π) грунта в точке регистрации, которые мы будем рассматривать далее, очевидно, что магнитуда землетрясений является пропорциональной логарифму энергии. В этом случае магнитуду землетрясений можно рассматривать как нормированный логарифм максимальной скорости колебания дневной поверхности в пункте регистрации, при этом нормирование проводится от физически недименсированной внутренней структуры магнитудной шкалы. Очевидно, на этом этапе трудно дать строгую физическую формулировку нулевой магнитуды землетрясений, только можно сказать, что калибровочные функции правильно отображают действительное изменение логарифма максимальной скорости с изменением эпицентрального расстояния данной волны для условного «нулевого» землетрясения.

Элементарная статистика, сделанная по материалам справочника магнитудных определений [4], показывает, что из 42 станций, проводящих определение магнитуды, на 25 станциях (исключая все мировые центры обработки сейсмической информации) проводится определение магнитуды на расстояниях менее, чем 20°. При этом 15 из них используют логарифм максимальной амплитуды и 10 логарифм скорости колебания земной поверхности. Только на 5 станциях имеются определения для волн P.

Эти определения магнитуды на коротких расстояниях, проводящихся на относительно немногих сейсмических станциях мира, отличаются между собой, и конечные результаты трудно сравнимы из-за различия в методике, в калибровочных финкциях, условиях регистраций и типах аппаратуры, как это видно из данных, приведенных в справочнике [4]. Это означает, что эти определения имеют только региональное (локальное) значение и нет основы и возможности их сравнивать.

С точки зрения унификации и, в конечном счете, элиминирования фактора нужно создать такую магнитудную шкалу, чтобы она давала возможность использовать все возможные типы волн независимо от типа регистрирующей аппаратуры, эпицентрального расстояния и всех других условий и получать одни и те же конечные резулбьтаты. Это означает, что необходимо выполнить условия:

$$MP = MPb = MPg = MPP = MS = MSb = MSg = ML = \text{const}\,, \quad (1)$$

т. е. вне зависимости от типа волны и эпицентрального расстояния полученные значения магнитуды должны равняться между собой. Здесь, конечно, подразумевается, что нужно включить и определения магнитуды другими методами, например, определение при помощи продолжительности колебания.

В нашей работе [7] было показано, что условие (1) может быть выполнено для большой части определений при использовании калибровочных функций $\sigma(\Delta)$ из [8] для объемных волн и с учетом магнитудной зависимости калибровочных функций для поверхностных волн [9].

Разделение магнитудных определений для объемных и поверхностных волн (m и M_s) в [10] было связано с реально существующим различием в определениях посредством объемных и поверхностных волн. Если эти различия можно представить в виде линейной функции, как это и есть в действительности, то следует, что этот эффект мог бы быть учтен еще в самих калибровочных функциях. Именно такая попытка была сделана в [7], учитывая структуру калибровочной функции для поверхностных волн из [9].

Общность подхода при определении матнитуды поверхностных и объемных волн содержится в основном магнитудном уравнении:

$$M\,K = \lg\left(\frac{A}{T}\right)_K + \sigma_K(\Delta) + \Sigma\,\delta M_K\ , \tag{2}$$

где K — означает тип волны, $\sigma(\Delta)$ — калибровочная функция и $\Sigma\,\delta M$ — сумма возможных коррекций и отклонений в определениях магнитуды, включающая и станционную поправку $\delta\,M_S^K$ [7, 9].

В формуле (2), чтобы вы полнялосьусловие (1), под A/T нужно подразумевать полную, реальную максимальную скорость колебания грунта для соответствующей волновой группы. Для объемных волн, в частности, для волн P чаще это $A_{2,3}$, где $A_{0,1}$ отклонение до первого максимума, или это приблизительно амплитуды колебания одного периода после первого вступления. Для поверхностных волн $(A/T)_{\max}$ на сейсмограмме находится сравнительно трудно, особенно при обработке двух горизонтальных компонент, и иногда приходится делать 3—4 отчета, чтобы найти $(A/T)_{\max}$.

В качестве калибровочной функции для объемных волн в (2) можно использовать функции $\sigma(\Delta)$ из [8], а для поверхностных волн нужно иметь в виду результаты, полученные в [9] о магнитудной зависимости калибровочных функций для этих волн, вводя соответствующие коррекционные члены в (2).

Содержание члена $\Sigma\,\delta M$, входящего в равенство (2), и методика определения станционных коррекций δM_S для разных типов волн данны в [7, 9].

Создание амплитудных кривых и калибровочных функций для объемных волн на коротких расстояниях сопровождается рядом трудностей, связанных прежде всего с характером источника сложности и особенности строения среды, в которой волны распространяются, условием регистрации и, с другой стороны, с возможностью и методикой их нормирования.

Самым важным условием является создание таких калибровочных функций, чтобы определение M на коротких и больших расстояниях не различались между собой, а другими словами, элиминировать понятие локальной шкалы и заменить ее стандартной, отвечающей телесейсмическим определениям. В какой-то степени мы сделали именно такую попытку, стараясь выполнить условия (1), на которые, по нашему мнению, должны отвечать все магнитудные определения. Для получения значений калибровочных функций $\sigma_{PH}(\Delta)$ и $\sigma_{SH}(\Delta)$ для волн PH и SH были использованы регистрации более чем 300 землетрясений и определения магнитуды от сети среднеевропейских станций [11] и только в отдельных случаях из бюллетеней.

Из уравнения (2) можно определять калибровочную функцию:

$$\sigma_K(\Delta) = M\,K - \lg\left(\frac{A}{T}\right)_K - \delta M_S^K\,. \tag{3}$$

При помощи равенства (3) для $\Delta = \text{const}$ можно вычислить среднее значение $\sigma_{PH}(\Delta)$ и $\sigma_{SH}(\Delta)$. Чтобы получить самый вероятный вид $\sigma(\Delta)$, данные были обработаны методом скользящих средних, и в результате получены ,,средние‘‘ калибровочные функции [12]. В работе Соловьева [13] получены такие калибровочные функции для волн PV и SH для Курило-Камчатского района, которые в самом общем плане согласуются с нашим результатом. Более детеальное исследование исходных данных показало, что калибровочные функции для объемных волн на коротких расстояниях зависят от магнитуды. Были построены функции вида $\sigma(\Delta, M_C)$ для $M_c = 4.5, 5.0, 5.5, \ldots 7.0, >7{,}25$. Эти функции располагаются равномерно одна над другой и оформляют поле калибровочных функций $\sigma(\Delta, M_C)$, зависящих, очевидно, от M [12]. Эти функции можно представить в первом приближении как сумму двух составляющих:

$$\sigma(\Delta, M) = \sigma\,(\Delta, M_C) + \sigma'(\Delta, M)\,, \tag{4}$$

где $\sigma(\Delta, M_C)$ дает изменения в $\sigma(\Delta, M)$ с расстоянием при $M = M_C = \text{const}$, а $\sigma'(\Delta, M)$ содержит отклонение для $M \neq M_C$. Не впускаясь в подробности, отметим, что влияние второго члена $\sigma'(\Delta, M)$ в уравнении (4) уменьшается с эпицентральным расстоянием и для $\Delta = 22-23°$ как для $\sigma_{PH}(\Delta, M)$, так и для $\sigma_{SH}(\Delta, M)$ клонит к нулю.

Если заменим в равенстве (2) $\sigma(\Delta)$ на $\sigma(\Delta, M)$ из (4), то получится уравнение, в которое M входит в обе стороны, при этом в правой стороне в неявном виде. В нашей работе [12] доказано, что есть решение, при этом оно единственное.

Окончательные формулы для определения *MPH* и *MSH* следиющие:

$$\left.\begin{aligned} MPH &= \frac{\lg (A/T)_{PH} + \sigma_{PH}(\Delta, M_C) + (0{,}0174\,\Delta^\circ - 0{,}403)\,M_C + \delta M_S^{PH}}{0{,}597 + 0{,}0174\,\Delta^\circ}, \\ MSH &= \frac{\lg (A/T)_{SH} + \sigma_{SH}(\Delta, M_C) + (0{,}0214\,\Delta^\circ - 0{,}481)\,M_C + \delta M_S^{SH}}{0{,}519 + 0{,}0214\,\Delta^\circ}. \end{aligned}\right\} \qquad (5)$$

При помощи этих равенств можно вычислить магнитуды землетрясения на расстояниях 1,2° до 20°; при этом полученные значения не будут отличаться от определений, сделанных на расстояниях более 20° при помощи стандартной калибровочной функции $\sigma(\Delta)$ [8].

Так как вычисления при помощи формулы (5) являются очень громоздкими для массовой обработки, мы построили номограммы для определения *MPH* (фиг. 1) и для *MSH* (фиг. 2). На этих номограм-

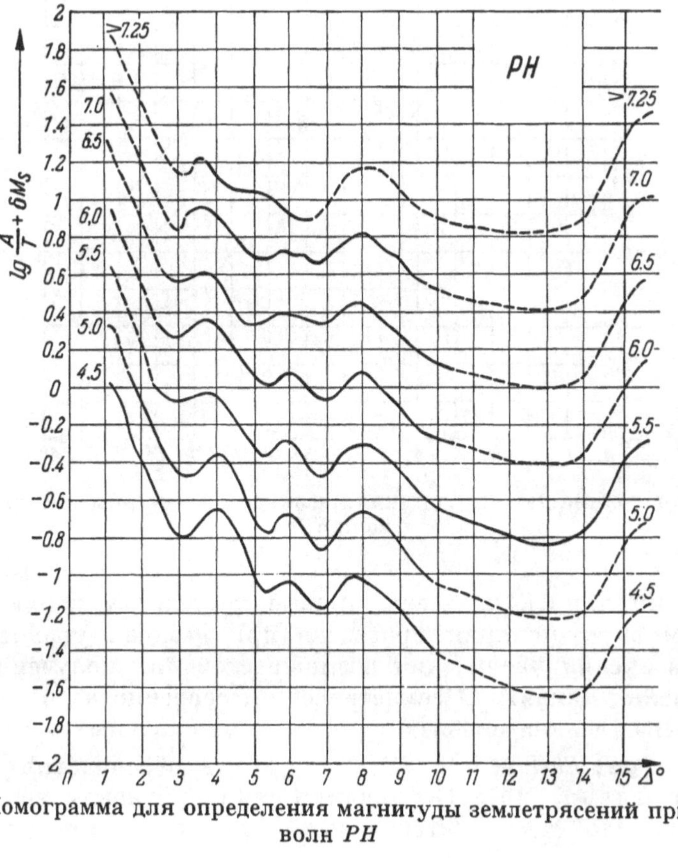

Фиг. 1. Номограмма для определения магнитуды землетрясений при помощи волн *PH*

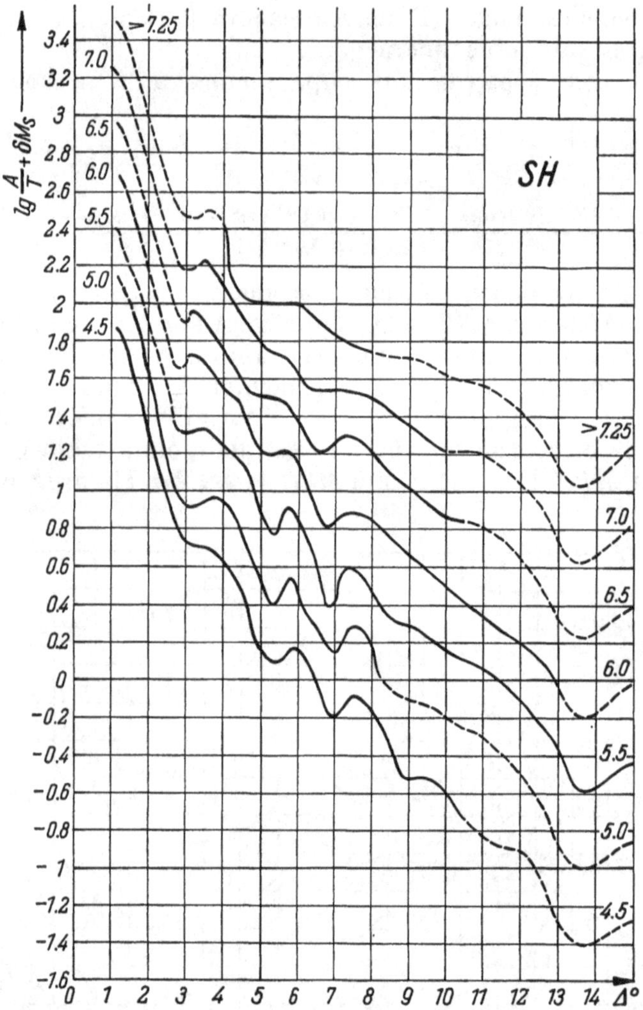

Фиг. 2. Номограмма для определения магнитуды землетрясений при помощи волн *SH*

мах плотной линией нанесены кривые по данным наблюдений и пунктиром экстраполяция проведена при помощи уравнений (5).

С точки зрения увеличения возможностей для получения более точной оценки магнитуды землетрясений, особенно на расстояниях до 10°, была сделана попытка создать калибровочные функции для волн *PbH*, *PgH*, *SbH* и *SgH* (P^*, $\bar{P}$, S^* и $\bar{S}$ в обозначениях Джеффриса Буллена) [14]. По динамическим признакам волны *Pg* и *Sg*, как правило, самые интенсивные в группе объемных волн при близких землетрясениях и обычно их идентуификация не создает затруднений. Значительно сложнее дело обстоит с волнами *PbH* и *SbH* которые в некоторых случаях очень ясные на сейсмограммах, а в других случаях даже их невозможно разыскать. Когда они наблюдаются, очень полезно, конечно, привлечь их для энергетических оценок. Калибровочные функции построены по той же самой методике как для волн *PH* и *SH* [12, 14]. Самое важное обстоятельство, что калибровочные функции $\sigma_{PbH}(\Delta)$, $\sigma_{PgH}(\Delta)$, $\sigma_{SbH}(\Delta)$ и $\sigma_{SgH}(\Delta)$ имеют сложный осцилляционный характер с чередующимися максимумами и минимумами, которые по своей форме и месту аналогичны с этими для волн *PH* и *SH* (фиг. 3). Это обстоятельство подсказывает, что принятый механизм распространения волн *Pb*, *Pg*, *Sb* и *Sg* является не очень корректным и, по всей вероятности, осцилляционный характер их калибровочных функций наблюдается в результате интерференционной природы этих волн.

Следует отметить, что и для функций $\sigma_{PbH}(\Delta)$, $\sigma_{PgH}(\Delta)$, $\sigma_{SbH}(\Delta)$ и $\sigma_{SgH}(\Delta)$ можно ожидать зависимость от *M*: в таком случае приведенные на фиг. 3 функции следует рассматривать только как „средние“ аналогично «средним» калибровочным функциям для волн *PH* и *SH*.

Вопрос об использовании поверхностных волн был подробно рассмотрен в нашей работе [9]. Как там показано, если мы будем

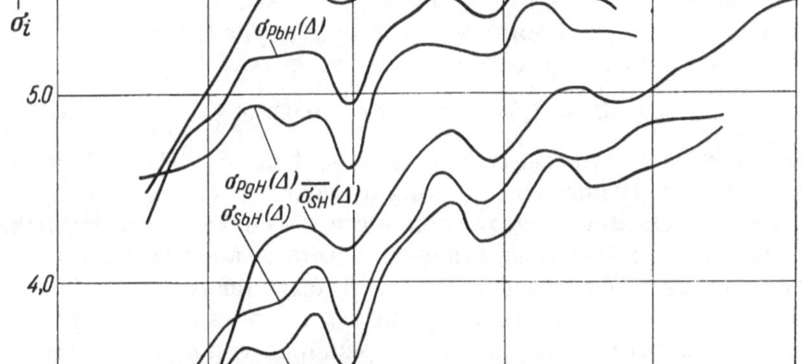

Фиг. 3. Калибровочные функции для объемных волн на коротких расстояниях

использовать ,,среднюю" калибровочную функцию $\beta_0(\Delta, T)$, особенно на коротких расстояниях, то результаты не очень удовлетворительные. Значительно более точные результаты получаются при использовании $\beta_1(\Delta, T)$ (для $M < 6{,}5$) и $\beta_2(\Delta, T)$ (для $M > 6{,}5$). На коротких расстояниях разница $\beta_2(\Delta, T) - \beta_1(\Delta, T)$ очень большая. Например, для $\Delta = 2°$ она приблизительно 0,6, для 10°—0,44 и т. д. Конечно, полученные в [9] $\beta_1(\Delta, T)$ и $\beta_2(\Delta, T)$ являются только первым шагом, и в будущем нужно исследовать более точно структуру калибровочных функций для поверхностных волн на коротких расстояниях.

Использование продолжительности колебания сейсмических волн τ (соответственно $\lg \tau$) для оценки магнитуд землетрясений независимо от факта, что этот метод серьезно недооценивается рядом авторов, имеет некоторые очень существенные преимущества, особенно при близких землетрясений [15]. Например, при близких сильных землетрясениях, когда запись находится вне пределов сейсмограммы, единственным критерием остается $\lg \tau$, или когда идентификация волн очень затруднена, что привело бы к ошибочным измерениям амплитуд и периодов волн и т. д.

Чтобы получить значение магнитуды M_τ, которые удовлетворяют условиям (1), продолжительность колебания на сейсмограмме определяется следующим дефиниционным уравнением:

$$\tau = 0{,}5\,(F_N - e\,X_N - \Delta_{\tau_0 N}) + 0{,}5\,(F_E - e\,X_E - \Delta_{\tau_0 E})\,, \qquad (6)$$

где F_N и F_E конец колебания на сейсмограммах компоненты N и E соответственно; $e\,X_N$ и $e\,X_E$ время вступления первой фазы на сейсмограмме N или E; $\Delta_{\tau_0 N}$ и $\Delta_{\tau_0 E}$ время, для которого между $e\,X$ и F не наблюдаются колебания или их амплитуда меньше граничной A_F [15]. Магнитуда определяется из равенства:

$$M_\tau = 1{,}98 + 2{,}72 \lg \tau - 0{,}026\,\Delta° \,, \qquad (7)$$

которое можно использовать для $\Delta = 2{,}5°$ до $\Delta = 16°$. Уравнение (7) значительно лучше удовлетворяет условию (1), чем полученное в [15] общее решение, действительное с 2° до 160°. В заключение отметим, что рассмотренные выше методы определения магнитуды на коротких расстояниях созданы так, чтобы удовлетворяли условию (1), другими словами, достигнута единая система оценки магнитуды на коротких расстояниях из всех возможных типов волн. При этом величина M, вычисленная при помощи равенств (2), (5) и (7), вполне согласуется с определением, проведенным на расстояниях более 20° при помощи $\sigma(\Delta)$ [8] для одного и того же землетрясения. Применяя в системе отсчета $\lg(A/T)$, в будущем значительно проще перейти из шкалы M к вычислению энергии землетрясений, ища логическую связь между этими величинами.

Литература

[1] RICHTER, CH. F., Elementary Seismology. San Francisco, 1958.
[2] BÅTH, M., Earthquake Energy and Magnitude. Physics and Chemistry of the Earth Pergamon Press, Oxford-New York. 1966.
[3] KARNIK, V., Magnitudenbestimmung Europäischer Nahbeben. TIGAT Sci, no 47, Geofisikalni Sbornik 1956.
[4] Handbook on Earthquake Magnitude Determinations (Compl. by M. BÅTH), Uppsala, Sweden, 1967.
[5] Соловьев, Сл., Магнитуда землетрясений; в книге „Землетрясения в СССР„, Изд. АН СССР, Москва, 1961.
[6] RICHTER, CH. F., An Instrumental Earthquake Magnitude Scale. BSSA **25**, no 1 (1935) 1.
[7] CHRISTOSKOV, L., Über die Bestimmung von Erdbebenmagnituden aus Raumwellen. Gerlands Beitr. Geoph. **74** (1965) 399.
[8] Ванек, И. и др., Стандартизация шкалы магнитуд. Изв. АН СССР, сер. Геоф., № 2 (1962) 153.
[9] CHRISTOSKOV, L., Magnitudedependent Calibrating Function for Surface Waves for Sofia, Studia geoph. et geog. **9** (1965) 331.
[10] GUTENBERG, B. and RICHTER, C. F., Magnitude and Energy of Earthquakes. Ann. di Geofis., **9** (1965) 1.
[11] VANĚK J. und STELZNER, J., Einheitliche Bestimmung von Erdbebenmagnituden für Mitteleuropäische Stationen. TIGAT Sci, **136**, Geofisikalni Sbornik (1960) 299.
[12] Христосков, Л., Калибровъчни функции за вълните *PH* и *SH* на разстояние до 21°. Изв. Геоф. и-т БАН, т. 10 (1967) 85.
[13] Соловьев, С. Л. и Соловьева, О. Н., Скорость колебания земной поверхности в объемных волнах неглубокофокусных Курило-Камчатских землетрясений на расстояниях до 17°. Изв. АН СССР, физика Земли, № 1 (1967) 37.
[14] Христосков, Л., Стандартни калибровэчни функции за вълните *PgH* и *SgH*. Известия на Геоф. и-т БАН, т. XI (1967) 103.
[15] Христосков, Л., Върху определяне на магнитуда на земетрясенията по продължителността на колебанията в сеизмичните вълни. Известия на Геоф. и-т на БАН, т. VIII (1966) 83.

Berichtigung

S. 13 Abb. 4, Mitte: Statt Симферопль lies Симферополь
S. 51 Abb. 2, Mitte: Statt 5, 6, 7 — Горнье lies 5, 6, 7 — Горные
Ordinatenbeschriftung: Statt Вуллен lies Буллен
S. 52 Abb. 3., rechts oben: Statt Вуллен lies Буллен

FSC
www.fsc.org
MIX
Papier | Fördert gute Waldnutzung
FSC® C083411

Kolibri 360 GmbH
Ferdinand-Jühlke-Straße 7
99095 Erfurt, Deutschland
produktsicherheit@kolibri360.de